液压与气动系统应用与维修

主　编　罗洪波　曹　坚
副主编　邓海英　邓益民
　　　　高茂涛　吕扶才

北京理工大学出版社
BEIJING INSTITUTE OF TECHNOLOGY PRESS

内容简介

本书是高等院校制造大类专业的教学用书，是我们经过多年的教学改革与研究，结合企业的生产实际，经过仔细认真地讨论，在广泛征求意见基础上编写而成的。本书遵循以应用能力和综合素质培养为主线的指导思想，分"液压与气动系统的认识"、"液压元件的选用、拆装与检修"、"液压传动系统的构建"、"气压传动系统的构建"、"液压与气动系统的预防性维修、常见故障诊断与维修"、"液压与气动系统的改造" 6 章，共 28 个学习项目。

版权专有　侵权必究

图书在版编目(CIP)数据

液压与气动系统应用与维修/罗洪波，曹坚主编. —北京：北京理工大学出版社，2019.7重印

ISBN 978-7-5640-2701-8

Ⅰ. 液… Ⅱ.①罗… ②曹… Ⅲ.①液压传动－高等学校：技术学校－教材②气压传动－高等学校：技术学校－教材　Ⅳ.TH137　TH138

中国版本图书馆CIP数据核字（2009）第150809号

出版发行 /	北京理工大学出版社
社　　址 /	北京市海淀区中关村南大街5号
邮　　编 /	100081
电　　话 /	(010)68914775(办公室)　68944990(批销中心)　68911084(读者服务部)
网　　址 /	http://www.bitpress.com.cn
经　　销 /	全国各地新华书店
印　　刷 /	河北鸿祥信彩印刷有限公司
开　　本 /	710 毫米 × 1000 毫米　1/16
印　　张 /	14.75
字　　数 /	277 千字
版　　次 /	2019 年 7 月第 1 版第 12 次印刷
定　　价 /	44.00 元

责任校对 / 陈玉梅
责任印制 / 周瑞红

图书出现印装质量问题，本社负责调换

出版说明

21 世纪是科技全面创新和社会高速发展的时代，面临这个难得的机遇和挑战，本着"科教兴国"的基本战略，我国已着力对高等学校进行了教学改革。为顺应国家对于培养应用型人才的要求，满足社会对高校毕业生的技能需要，北京理工大学出版社特邀一批知名专家、学者进行了本系列规划教材的编写，以期能为广大读者提供良好的学习平台。

本系列规划教材面向机电类相关专业。作者在编写之际，广泛考察了各校应用型学生的学习实际，本着"实用、适用、先进"的编写原则和"通俗、精炼、可操作"的编写风格，以学生就业所需的专业知识和操作技能为着眼点，力求提高学生的实际运用能力，使学生更好地适应社会需求。

一、教材定位

- 以就业为导向，培养学生的实际运用能力，以达到学以致用的目的。
- 以科学性、实用性、通用性为原则，以使教材符合机电类课程体系设置。
- 以提高学生综合素质为基础，充分考虑对学生个人能力的提高。
- 以内容为核心，注重形式的灵活性，以便学生易于接受。

二、编写原则

- 定位明确。本系列教材所列案例均贴合工作实际，以满足广大企业对于机电类专业应用型人才实际操作能力的需求，增强学生在就业过程中的竞争力。

- 注重培养学生职业能力。根据机电类专业实践性要求，在完成基础课的前提下，使学生掌握先进的机电类相关操作软件，培养学生的实际动手能力。

三、丛书特色

- 系统性强。丛书各教材之间联系密切，符合各个学校的课程体系设置，为学生构建牢固的知识体系。
- 层次性强。各教材的编写严格按照由浅及深，循序渐进的原则，重点、难点突出，以提高学生的学习效率。
- 先进性强。吸收最新的研究成果和企业的实际案例，使学生对当前专业发展方向有明确的了解，并提高创新能力。
- 操作性强。教材重点培养学生的实际操作能力，以使理论来源于实践，并最大限度运用于实践。

北京理工大学出版社

序

随着我国高等教育的迅速发展，高等职业教育按原有模式进行改良式的零敲碎打的改革已经不能满足形势发展要求，高职院校基于自身发展和高职生源特点的需要，无不积极投入全面的教学改革。从 2007 年下半年开始，全国各示范性高职院校都不同程度地进行基于工作过程的课程教学改革，有的已进行了近两年的重点课程试验并取得了显著的效果。为了适应我国高等职业教育改革迅速发展的形势需要，广西高职教育应该以骨干高职院校为主体、以示范性高职院校为榜样，各高职院校尤其是骨干高职院校的相关专业教学系要加强联系与交流，团结奋斗、共同进步，促进广西高职教育快速和谐发展，把广西的高职教学改革推向全国前列。

正是在上述形势和理念推动下，从 2008 年 3 月开始，北京理工大学出版社与广西高职院校开始了一系列的合作，组建了北京理工大学出版社广西区高等职业教育专家委员会，成立了机电与汽车类、电子信息及自动化类精品系列规划教材编委会，召开了专家委员会工作会议、编委会工作会议、主编工作会议、工作过程系统化课程与教材建设研讨会等一系列有广西 17 所高职高专院校参加的教材建设活动，催生了第一批 21 世纪高等职业教育精品课程示范性规划教材。

通过这一系列的建设活动，大家有了共同的认识：我国高等职业教育最近 10 年走过的历程有本科压缩型、多元整合型、行动引导型三个阶段，目前正向工作过程导向型发展；行动引导型和工作过程导向型教学模式是一脉相承的，前者是后者的前导阶段，后者是前者的发展目标，一个专业或一门课目一旦全面完成行动引导型，就在实际上实现了工作过程导向型。行动引导型教学法以职业活动为导向，以提高人的职业能力为核心，脑手并用，行知结合，适应能力本位的教育方向，使职业教育更适应我国的经济发展对高技能人才的需要、适应新形势发展需要，最适合职业教育的特点和条件。

广西大部分骨干高职院校目前只处在多元整合型向行动引导型过渡的阶段，有些高职院校还处于本科压缩型向多元整合型过渡的阶段。为了促进广西高职教育快速和谐发展，适应教学改革形势的需要，本批教材分 A 型、B 型、C 型三大类，要求反映我国高职教育近几年的改革成果，具有鲜明的高等职业教育特色。

1. A 型教材，主要是针对内容比较单一的教材，要求采用行动引导型教学法组织教学内容。重点是符合高等职业教育教学目标和特点，以能力为本位，以应用为目的，以必需、够用为度。力求精炼明了、通俗易懂，注重对学生基本技能的训练和综合分析能力的培养,避免繁琐抽象的公式推导和冗长的过程叙述。

2. B型教材,主要是针对经过多元整合的综合性课程,要求全面贯彻行动引导型教学法和适用于做、学、教一体化教学模式。因材施教,遵循高等应用型专门人才的认识规律,以开发智力和调动学习积极性为目的,以添加案例和实验/实训项目为手段,形成理论、设计计算、实验/实训一体化教材。

3. C型教材,要求做到工作过程系统化建设。即首先基于工作过程建立专业课程体系和明确课程标准之后再进行具体的教材建设。

应该看到,我区高职高专的师资队伍年轻化较为严重,不同程度地存在照本宣科现象。本批教材的出版发行,一方面解决了各高职高专院校需要相关教材的燃眉之急;另一方面对我区乃至全国的高职高专教育教学改革将起到积极的推动作用。

北京理工大学出版社广西区高等职业教育专家委员会主任　梁建和教授

北京理工大学出版社
广西区高等职业教育专家委员会

主　任： 梁建和　教授　　　广西水利电力职业技术学院

副主任： 卢勇威　副教授　　广西职业技术学院
　　　　　林若森　教授　　　柳州职业技术学院
　　　　　邓海鹰　副教授　　广西水利电力职业技术学院
　　　　　诸小丽　教授　　　南宁职业技术学院
　　　　　叶克力　副教授　　广西机电职业技术学院
　　　　　刘孝民　教授　　　广西航天工业高等专科学校

委　员： 田佩林　教授　　　南宁职业技术学院
　　　　　黄卫萍　教授　　　广西农业职业技术学院
　　　　　孙　凯　教授　　　广西水利电力职业技术学院
　　　　　韦余苹　副教授　　桂林理工大学南宁分院
　　　　　张海燕　副教授　　广西电力职业技术学院
　　　　　曹　坚　副教授　　广西工业职业技术学院
　　　　　罗　建　副教授　　柳州铁道职业技术学院
　　　　　谭琦耀　副教授　　广西现代职业技术学院
　　　　　覃　群　副教授　　广西机电职业技术学院
　　　　　唐冬雷　副教授　　柳州职业技术学院
　　　　　黄锦祝　副教授　　广西机电职业技术学院
　　　　　韦　抒　副教授　　广西电力职业技术学院
　　　　　禤旭旸　高级技师　邕江大学
　　　　　廖建辉　高级技师　广西职业技术学院

北京理工大学出版社
广西区高等职业教育机电与汽车类教材编委会

主　任：	梁建和	教授	广西水利电力职业技术学院
副主任：	林若森	教授	柳州职业技术学院
	诸小丽	教授	南宁职业技术学院
	叶克力	副教授	广西机电职业技术学院
委　员：	黄卫萍	教授	广西农业职业技术学院
	陈伟珍	教授	广西水利电力职业技术学院
	韦余苹	副教授	桂林理工大学南宁分院
	曹　坚	副教授	广西工业职业技术学院
	罗　建	副教授	柳州铁道职业技术学院
	谭琦耀	副教授	广西现代职业技术学院
	覃　群	副教授	广西机电职业技术学院
	卢　明	副教授	柳州职业技术学院
	蒋运劲	副教授	广西交通职业技术学院
	陈炳森	高级实验师	广西水利电力职业技术学院
	陈国庆	副教授	广西电力职业技术学院
	谭克诚	讲师	柳州铁道职业技术学院
	禤旭旸	高级技师	邕江大学
	廖建辉	高级技师	广西职业技术学院
	林灿东	副教授	百色职业学院
	覃惠芳	副教授	北海职业学院
	苏庆波	副教授	贵港职业学院

前 言

本书是高职高专制造大类专业的教学用书，是我们经过多年的教学改革与研究，结合企业的生产实际，经过仔细认真地讨论，在广泛征求意见基础上编写而成的。

本书遵循以应用能力和综合素质培养为主线的指导思想，以任务为引领，精选企业一线的真实任务作为学习项目，并吸收了多所高职院校教学改革的成果，对教学内容进行了重组和整合。教材的内容来源于实践，经过归纳、分析，得出系统化理论后，又应用于实践，指导实践。

本书引用了大量的工程实例，从实践中提出问题，并从实例分析中引导学生如何在实践中解决问题，注重培养学生"系统的应用知识和持续发展的能力"，而不只是具有"系统的专业知识"或"专业理论"，注重培养学生"自主学习能力"和运用科学的思维方法及对待工程实际问题的能力和工作态度。

本书包括"液压与气动系统的认识"、"液压元件的选用、拆装与检修"、"液压传动系统的构建"、"气压传动系统的构建"、"液压与气动系统的预防性维修、常见故障诊断与维修"、"液压与气动系统的改造" 6章，共28个学习项目。教材的编写始终贯彻实用性原则，理论知识以"必须"、"够用"为度，不片面追求理论知识的系统和完整性，力求做到理论与实践的统一。

参加本书编写工作的有：罗洪波（第4章）；曹坚（第2章、第5章第1～2节）；邓海英（第3章）；邓益民（第6章）；高茂涛（第1章）；吕扶才（第5章第3、4节）。全书由罗洪波统稿。

本书在编写过程中，得到广西柳工机械股份有限公司、广西柳州钢铁（集团）公司、上汽通用五菱汽车股份有限公司的大力帮助，在此深表谢意。同时，本书的编写还参阅了一些相关的文献资料，在此向文献资料的作者表示诚挚的感谢。

由于高等职业教育教学改革还处于探索阶段，项目教学经验还需不断积累，加之编写时间仓促及编写水平有限，书中难免存在错误和不妥之处，恳请读者指正。

编 者

目 录

第1章 液压与气动系统的认识 ·· 1
1.1 液压传动的认识 ·· 1
1.1.1 任务说明 ·· 1
1.1.2 理论指导 ·· 1
1.1.3 任务实施 ·· 4
1.1.4 知识拓展 ·· 4
1.2 认识压力和流量 ·· 9
1.2.1 任务说明 ·· 9
1.2.2 理论指导 ·· 9
1.2.3 任务实施 ·· 10
1.2.4 知识拓展 ·· 10
1.3 气压传动的认识 ·· 17
1.3.1 任务说明 ·· 17
1.3.2 理论指导 ·· 17
1.3.3 任务实施 ·· 19
1.3.4 知识拓展 ·· 20
思考题与练习 ·· 29

第2章 液压元件的选用、拆装与检修 ·· 31
2.1 液压泵的选用 ·· 31
2.1.1 任务说明 ·· 31
2.1.2 理论指导 ·· 31
2.1.3 任务实施 ·· 40
2.1.4 知识拓展 ·· 41
2.2 液压泵的拆装与检修 ·· 42
2.2.1 任务说明 ·· 42
2.2.2 任务实施 ·· 42

2.3 液压缸的拆装与检修 …… 47
2.3.1 任务说明 …… 47
2.3.2 理论指导 …… 47
2.3.3 任务实施 …… 50
思考题与练习 …… 51

第3章 液压传动系统的构建 …… 52
3.1 工件推出装置控制系统的构建 …… 52
3.1.1 任务说明 …… 52
3.1.2 理论指导 …… 52
3.1.3 参考方案 …… 68
3.2 汽车起重机支腿液压传动系统的构建 …… 70
3.2.1 任务说明 …… 70
3.2.2 理论指导 …… 71
3.2.3 参考方案 …… 74
3.3 黏压机液压传动系统的构建 …… 75
3.3.1 任务说明 …… 75
3.3.2 理论指导 …… 75
3.3.3 参考方案 …… 79
3.4 喷漆室传动带装置液压传动系统的构建 …… 80
3.4.1 任务引入 …… 80
3.4.2 理论指导 …… 80
3.4.3 参考方案 …… 88
3.5 钻床液压传动系统的构建 …… 89
3.5.1 任务引入 …… 89
3.5.2 理论指导 …… 90
3.5.3 参考方案 …… 101
3.6 夹紧装置液压传动系统的构建 …… 101
3.6.1 任务引入 …… 101
3.6.2 理论指导 …… 102
3.6.3 参考方案 …… 107
3.7 专用刨削设备液压传动系统的构建 …… 109

  3.7.1 任务引入 ········· 109
  3.7.2 理论指导 ········· 109
  3.7.3 参考方案 ········· 116
  3.7.4 知识拓展 ········· 117
 思考题与练习 ············ 123

第4章 气压传动系统的构建 ········· 129
4.1 机械手抓取机构气压传动系统的构建（1） ········· 129
  4.1.1 任务说明 ········· 129
  4.1.2 理论指导 ········· 129
  4.1.3 参考方案 ········· 134
4.2 机械手抓取机构气压传动系统的构建（2） ········· 135
  4.2.1 任务说明 ········· 135
  4.2.2 理论指导 ········· 135
  4.2.3 参考方案 ········· 142
4.3 剪切装置气压传动系统的构建 ········· 144
  4.3.1 任务说明 ········· 144
  4.3.2 理论指导 ········· 144
  4.3.3 参考方案 ········· 146
4.4 自动送料装置气压传动系统的构建 ········· 148
  4.4.1 任务说明 ········· 148
  4.4.2 理论指导 ········· 148
  4.4.3 参考方案 ········· 154
4.5 剪板机气压传动系统的构建 ········· 155
  4.5.1 任务说明 ········· 155
  4.5.2 理论指导 ········· 155
  4.5.3 参考方案 ········· 160
4.6 压模机气压传动系统的构建 ········· 161
  4.6.1 任务说明 ········· 161
  4.6.2 理论指导 ········· 162
  4.6.3 参考方案 ········· 163
4.7 压印机气压传动系统的构建 ········· 164

  4.7.1 任务说明 …… 164
  4.7.2 理论指导 …… 164
  4.7.3 参考方案 …… 169
 4.8 塑料圆管熔接装置气压传动系统的构建 …… 170
  4.8.1 任务说明 …… 170
  4.8.2 理论指导 …… 171
  4.8.3 参考方案 …… 173
 4.9 圆柱塞分送装置气压传动系统的构建 …… 174
  4.9.1 任务说明 …… 174
  4.9.2 参考方案 …… 175
 思考题与习题 …… 176

第 5 章　液压与气动系统的预防性维修、常见故障诊断与维修 …… 182

 5.1 液压系统的预防性维修 …… 182
  5.1.1 海天天翔系列注塑机液压系统的预防性维修 …… 182
  5.1.2 理论指导 …… 183
  5.1.3 实施建议 …… 184
 5.2 气压系统的预防性维修 …… 187
  5.2.1 H400 型卧式加工中心气压传动系统的预防性维修 …… 187
  5.2.2 理论指导 …… 187
  5.2.3 实施建议 …… 189
 5.3 液压系统常见故障诊断及维修 …… 190
  5.3.1 某轨梁厂淬火轨收集装置液压系统故障诊断与维修 …… 190
  5.3.2 理论指导 …… 191
  5.3.3 维修方案 …… 192
 5.4 气动系统常见故障诊断及维修 …… 194
  5.4.1 立式加工中心气动控制系统故障诊断与维修 …… 194
  5.4.2 理论指导 …… 194
  5.4.3 维修方案 …… 195
  5.4.4 知识拓展 …… 196
 思考题与练习 …… 201

第6章 液压与气动系统的改造 ································ 202

6.1 液压系统的改造 ·· 202
6.1.1 压力机液压系统的改造 ····························· 202
6.1.2 理论指导 ··· 202
6.1.3 参考方案 ··· 204

6.2 气动系统的改造 ·· 205
6.2.1 板坯二次火焰切割机气动系统的改造 ············ 205
6.2.2 理论指导 ··· 206
6.2.3 参考方案 ··· 207
6.2.4 知识拓展 ··· 209

思考题与练习 ··· 210

附录 ·· 213

参考文献 ·· 220

第1章 液压与气动系统的认识

1.1 液压传动的认识

1.1.1 任务说明

观察 M1432A 型万能外圆磨床的工作过程。重点观察其工作台实现纵向往复运动的方式。在实验台上操作由教师构建好的磨床工作台液压传动系统，控制其往复运动，调节其速度，了解系统的组成，把组成元件归为以下四类：
（1）动力元件。
（2）执行元件。
（3）控制元件。
（4）辅助元件。

1.1.2 理论指导

一、液压传动系统的组成

如图 1-1 所示为 M1432A 型万能外圆磨床。它是应用最普遍的外圆磨床，主要用于磨削外圆柱面和圆锥面，还可以磨削内孔和台阶面等。机床工作台纵向往复运动、砂轮架快速进退运动和尾座套筒缩回运动都是以油液为工作介质，使用液压传动系统来传递动力。那么，什么是液压传动系统呢？它是如何工作的呢？

图 1-2（a）为磨床工作台液压系统工作原理图。液压泵 3 在电动机（图中未画出）的带动下旋转，油液由油箱 1 经过滤器 2 被吸入液压泵，然后压力油将通过节流阀 5 和换向阀 6，如果换向阀 6 此时处于如图 1-2（b）所示的状态，油液将进入液压缸 7 的左腔，推动活塞 8 和工作台 9 向右移动，液压缸 7 右腔的油液经换向阀 6 排回油箱。如果将换向阀 6 转换成如图 1-2（c）所示的状态，则压力油进入液压缸 7 的右腔，推动活塞 8 和工作台 9 向左移动，液压缸 7 左腔的油液经换向阀 6 排回油箱。工作台 9 的移动速度由节流阀 5 来调节。当节流阀开度增大时，进入液压缸 7 的油液增多，工作台的移动速度增大；当节流阀关小时，工作台的移动速度减小。液压泵 3 输出的压力油除了进入节流阀 5 以外，还通过打开溢流阀 4 流回油箱。如果将手动换向阀 6 转换成如图 1-2（a）所示的状态，液

压泵输出的油液经手动换向阀 6 流回油箱，这时工作台停止运动。

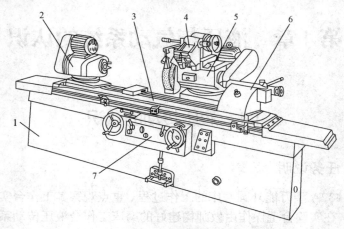

图 1-1 M1432A 型万能外圆磨床外形图
1—床身；2—工件头架；3—工作台；4—内磨装置；5—砂轮架；6—尾座；7—控制箱

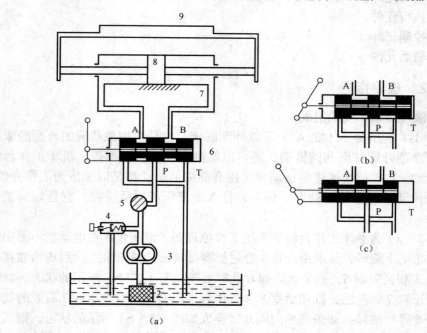

图 1-2 磨床工作台液压传动系统工作原理
（a）换向阀处于中位；（b）换向阀处于右腔；（c）换向阀处于左腔
1—油箱；2—过滤器；3—液压泵；4—溢流阀；5—节流阀；6—换向阀；7—液压缸；8—活塞；9—工作台

如图 1-2 所示的液压系统图是一种半结构式的工作原理图。它直观容易理解，但难于绘制。在实际工作中，除少数特殊情况外，一般都采用国标 GB/T 786.1—

1993 所规定的液压图形符号来绘制，如图 1-3 所示。图形符号表示元件的功能，而不表示元件的具体结构和参数；反映各元件在油路连接上的相互关系，不反映其空间安装位置；只反映静止位置或初始位置的工作状态，不反映其过渡过程。使用图形符号既便于绘制，又可使液压系统简单明了。

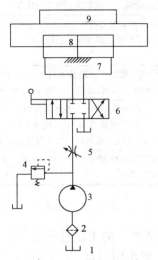

图 1-3　使用图形符号表示的磨床工作台液压系统图
1—油箱；2—过滤器；3—液压泵；4—溢流阀；5—节流阀；
6—手动换向阀；7—液压缸；8—活塞；9—工作台

液压传动是以液体作为工作介质来进行工作的，一个完整的液压传动系统由以下几部分组成。

（1）液压泵（动力元件）：其功能是将原动机所输出的机械能转换成液体压力能的元件，为系统提供动力。

（2）执行元件：液压缸和液压马达，它们的功能是把液体压力能转换成机械能，以驱动工作机构的元件。

（3）控制元件：包括压力、方向、流量控制阀，它们的作用是控制和调节系统中油液的压力、流量和流动方向，以保证执行元件达到所要求的输出力（或力矩）、运动速度和运动方向。

（4）辅助元件：保证系统正常工作所需要的辅助装置，如管道、管接头、油箱、滤油器等。

二、液压传动的应用

由于液压传动具有质量轻、结构紧凑、惯性小、传递运动均匀平稳等优点，因此在国民经济各行业有着广泛的应用。表 1-1 列举了液压传动的部分应用实例。

表 1-1 液压传动的应用实例

应用领域	采用液压传动的机器设备和装置
机械制造及汽车工业	铸造机械（离心铸造机等）；金属成型设备（液压机、折弯机、剪切机等）；焊接设备（焊条压涂机、自动缝焊机等）；汽车摩托车制造设备（汽车带轮旋压机、发动机汽缸体加工机床等）；金属切削机床（自动车床、组合铣床等）
能源与冶金工业	电力行业（电站锅炉、电力导线压接钳等）；煤炭工业（煤矿液压支架、煤矿多绳绞车等）；石油天然气探采机械（捞油车、石油钻机等）；冶炼轧制设备（熔炼电炉、高炉液压泥炮等）
铁路和公路工程	铁路工程施工设备（铺轨机、路基渣石边坡整形机、铁道轮对轴压装机等）；公路工程及运输（高速公路钢护栏冲孔切断机、汽车维修举升机、公交汽车等）
建材、建筑、工程机械及农林牧机械	建材行业（卫生瓷高注浆成形机、墙地砖压机、大理石加工激振系统等）；建筑行业（混凝土泵、液压锤、自动打桩机等）；工程机械（沥青道路修补车、重型多轴挂车、冲击压路机等）；农林牧机械（联合收割机、玉米及谷物收割机、拖拉机、饲草打包机等）
家用电器与五金制造	家电行业（显像管玻壳剪切机、电冰箱压缩机、电机转子叠片机等）；五金行业（制钉机、门锁整体成形压机等）

1.1.3 任务实施

观察 M1432A 型万能外圆磨床的工作过程后，操作实验台上由教师构建好的磨床工作台模拟控制系统，指出图 1-4 中各组成部分的名称及作用。

（1）动力元件。如图 1-4 所示，液压泵在电机的带动作用下转动，输出高压油。把电机输出的机械能转换成液体压力能，为整个液压系统提供动力，是动力元件。

（2）执行元件。如图 1-4 所示，液压缸在高压油的推动下移动，可以对外输出推力，通过它把高压油的压力能释放出来，转换成机械能，是执行元件。

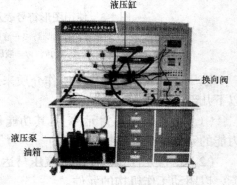

图 1-4 液压实验台

（3）控制元件。图 1-4 中的换向阀可以控制油液的流动方向，从而控制液压缸的运动方向，是控制元件。

（4）辅助元件。图 1-4 中的油箱用来储存油液，是液压系统中不可缺少的元件，是液压系统的辅助元件。

1.1.4 知识拓展

一、工作介质

液压传动是以液体作为工作介质来进行能量传递的。液压工作介质一般称为液压油（有部分液压介质已不含油的成分）。

1. 液压介质特性

液压介质的性能对液压系统的工作状态有很大影响，对液压系统的工作介质的基本要求如下。

（1）有适当的黏度和良好的黏温特性。液体在外力作用下流动时，分子间的内聚力要阻止分子间的相对运动而产生一种内摩擦力，这一特性为液体的黏性，液体只在流动时才呈现黏性，而静止液体不呈现黏性。液压油的黏性对减少间隙的泄漏、保证液压元件的密封性能都起着重要作用。

液体黏性的大小用黏度来表示。黏度是选择工作介质的首要因素。黏度过高，各部件运动阻力增加，温升快，泵的自吸能力下降，同时，管道压力降和功率损失增大。反之，黏度过低会增加系统的泄漏，并使液压油膜支承能力下降，而导致摩擦副间产生摩擦。所以工作介质要有合适的黏度范围，同时在温度、压力变化下和剪切力作用下，油的黏度变化要小。

液压介质黏度用运动黏度表示。在国际单位制中的单位是 m^2/s，而在实用常用油的黏度用（cst，厘斯）表示，其关系为 $1m^2/s=10^6 cst$。

所有工作介质的黏度都随温度的升高而降低，黏温特性好是指工作介质的黏度随温度变化小，黏温特性通常用黏度指数表示。一般情况下，在高压或者高温条件下工作时，为了获得较高的容积效率，不应使油的黏度过低，应采用高牌号液压油；低温时或泵的吸入条件不好时（压力低，阻力大），应采用低牌号，也就是黏度比较低的液压油。

（2）氧化安定性和剪切安定性好。工作介质与空气接触，特别是在高温、高压下容易氧化、变质。氧化后酸值增加会增强腐蚀性，氧化生成的黏稠状油泥会堵塞滤油器，妨碍部件的动作以及降低系统效率。因此，要求它具有良好的氧化安定性和热安定性。

剪切安定性是指工作介质通过液压节流间隙时，要经受剧烈的剪切作用，会使一些聚合型增黏剂高分子断裂，造成黏度永久性下降，在高压、高速时，这种情况尤为严重。为延长使用寿命，要求剪切安定性好。

（3）抗乳化性、抗泡沫性好。工作介质在工作过程中可能混入水或出现凝结水。混有水分的工作介质在泵和其他元件的长期剧烈搅拌下，易形成乳化液，使工作介质水解变质或生成沉淀物，引起工作系统锈蚀和腐蚀，所以要求工作介质有良好的抗乳化性。抗泡沫性是指空气混入工作介质后会产生气泡，混有气泡的介质在液压系统内循环，会产生异常的噪声、振动，所以要求工作介质具有良好的抗泡性和空气释放能力。

（4）闪点、燃点要高，能防火、防爆。

（5）有良好的润滑性和防腐蚀性，不腐蚀金属和密封件。

（6）对人体无害，成本低。

2. 液压介质的分类

液压传动介质按照 GB/T 7631.2—1987（等效采用 ISO 6743/4）进行分类，主要有石油基液压油和难燃液压液两大类。其简介如表 1-2 所列。

表 1-2 液压传动介质简介

类型	名称	ISO 代号	简 介
石油基液压油	普通液压油	L-HL	采用精制矿物油作基础油，加入抗氧、抗腐、抗泡、防锈等添加剂调和而成，是当前我国供需量最大的主品种
	抗磨液压油	L-HM	其基础油与普通液压油同，除加有抗氧、防锈剂外，主剂是极压抗磨剂，以减少液件的磨损。适用于-15℃以上的高压、高速工程机械和车辆液压系统
	低温液压油、稠化液压油、高黏度指数液压油	L-HV	用深度脱蜡的精制矿物油，加抗氧、抗腐、抗磨、抗泡、防锈、降凝和增黏等添加剂调和而成。其黏温特性好，有较好的润滑性，以保证不发生低速爬行和低速不稳定现象。适用于低温地区的户外高压系统及数控精密机床液压系统
	液压—导轨油	L-HG	其基础油与普通液压油同，除普通液压油所具有的全部添加剂外，还加有油性剂，用于导轨润滑时有良好的防爬性能。适用于机床液压和导轨润滑合用的系统
难燃液压液	合成型	水—乙二醇液 L-HFC	这种液体含有 35%~55%的水，其余为乙二醇及各种添加剂（增稠剂、抗磨剂、抗腐蚀剂等）。其优点是凝点低（-50℃），有一定的黏性，而且黏度指数高，抗燃。适用于要求防火的液压系统，使用温度范围为-18℃~65℃。其缺点是价格高，润滑性差，只能用于中等压力（20MPa 以下）。这种液体密度大，所以吸入困难。水—乙二醇液能使许多普通油漆和涂料软化或脱离，可换用环氧树脂或乙烯基涂料
		磷酸脂液 L-HFDR	这种液体的优点是，使用的温度范围宽（-54℃~135℃），抗燃性好，抗氧化安定性和润滑性都很好。允许使用现有元件在高压下工作。其缺点是价格昂贵（为液压油的5~8倍）；有毒性；与多种密封材料（如丁腈橡胶）的相容性差，而与丁基胶、乙丙胶、氟橡胶、硅橡胶、聚四氟乙烯等均可相容
	油水乳化型	抗燃工作液 L-HFB L-HFAE	油水乳化液是指互不相溶的油和水，使其中的一种液体以极小的液滴均匀地分散在另一种液体中所形成的抗燃液体。分水包油乳化液和油包水乳化液两大类
	高水基型抗燃工作液	L-HFAS	工作液不是油水乳化液。其主体为水，占总量的 95%，其余 5%为各种添加剂（抗磨剂、防锈剂、抗腐剂、乳化剂、抗泡剂、极压剂、增黏剂等）。其优点是成本低，抗燃性好，不污染环境。其缺点是黏度低，润滑性差

二、液压缸

液压缸可按结构特点分为活塞式液压缸、柱塞式液压缸和摆动式液压缸三类；

按其供油的不同分为单作用式和双作用式两种。其中，单作用式液压缸中液压力只能使活塞（或柱塞）单方向运动，而反方向运动必须依靠外力（如弹簧力或自重等）实现；双作用式液压缸的液压力可实现两个方向运动。

1. 双活塞杆液压缸

双活塞杆液压缸的活塞两端都带有活塞杆，两端活塞杆的直径通常是相等的，如图 1-5 所示。其活塞两侧都可以被加压，因此它们都可以在两个方向上做功。

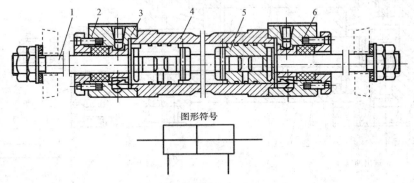

图 1-5　双活塞杆液压缸

1—活塞杆；2—防尘塞；3—缸盖；4—缸筒；5—活塞；6—密封圈

由于两边活塞杆直径相同，所以活塞两端的有效作用面积相同。若左右两端分别输入相同压力和流量的油液，则活塞上产生的推力和往复速度也相同。这种液压缸常用于往返速度相同且推力不大的场合，如用来驱动外圆磨床的工作台等。

2. 单活塞杆液压缸

单活塞杆液压缸的活塞仅一端带有活塞杆，活塞两端的有效作用面积不等，如果以相同的流量的压力油分别进入液压缸的左、右腔，活塞移动的速度和在活塞上产生的推力是不一样的。其结构图及图形符号如图 1-6 所示。

3. 柱塞式液压缸

图 1-7 为柱塞式液压缸的结构简图。柱塞缸由缸筒、柱塞、导向套、密封圈和压盖等零件组成。柱塞和缸筒内壁不接触，因此缸筒内孔不需精加工，工艺性好，成本低。柱塞式液压缸是单作用的，它的回程需要借助自重或弹簧等外力来完成。如果要获得双向运动，可将两柱塞式液压缸成对使用。柱塞缸的柱塞端面是受压面，其面积大小决定了柱塞缸的输出速度和推力。为保证柱塞缸有足够的推力和稳定性，一般柱塞较粗，重量较大，水平安装时易产生单边磨损，故柱塞缸适宜垂直安装使用。为减轻柱塞的重量，有时制成空心柱塞。

柱塞缸结构简单，制造方便，常用于工作行程较长的场合，如大型拉床、矿用液压支架等。

4. 摆动式液压缸

摆动式液压缸能实现小于 360° 的往复摆动运动。由于它直接输出扭矩，故又称为摆动液压马达，主要有单叶片式和双叶片式两种结构形式。

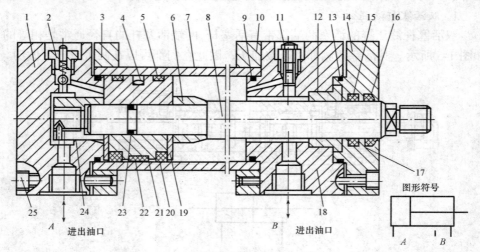

图 1-6　单活塞杆液压缸

1—缸底；2—放气阀；3、10—法兰；4—格来圈；5—导向环；6—缓冲套；7—缸筒；8—活塞杆；
9、13、23—O 型密封圈；11—缓冲节流阀；12—导向套；14—缸盖；15—斯特圈；16—防尘圈；
17—Y 型密封圈；18—缸头；19—护环；20—Y 型密封圈；21—活塞；
22—导向环；24—无杆端缓冲套；25—连接螺钉

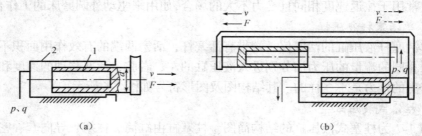

图 1-7　柱塞式液压缸结构简图

（a）结构简图；（b）成对使用

1—柱塞；2—缸筒

如图 1-8（a）所示为单叶片摆动液压缸。它的摆动角较大，可达 300°。单叶片摆动液压缸主要有叶片 1、摆动轴 2、定子块 3、缸体 4 等主要零件组成。两个工作腔之间的密封靠叶片和隔板外缘所嵌的框形密封件来保证。定子块固定在缸体上，而叶片和摆动轴联结在一起。当两油口相继通过压力油时，叶片即带动摆动轴作往复摆动。

摆动缸结构紧凑，输出转矩大，单密封困难，一般只用于中、低压系统中往复摆动、转位或间歇运动的地方。

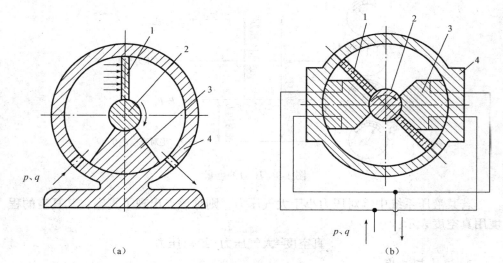

图 1-8 摆动液压缸
（a）单叶片式摆动液压缸；（b）双叶片式摆动液压缸
1—叶片；2—摆动轴；3—定子块；4—缸体；p—工作压力；q—输入流量

1.2 认识压力和流量

1.2.1 任务说明

操作由教师在实验台上连接完毕的，如图 1-3 所示的磨床工作台液压系统，观察液压缸在不同速度和负载情况下的运动规律。

1.2.2 理论指导

物理学将单位面积上所承受的法向力定义为压强，在液压技术中习惯称之为压力。用符号 p 来表示压力。

1. 压力的表示

根据度量标准的不同，液体压力分绝对压力和相对压力。若以绝对真空为基准来度量的液体压力，称为绝对压力；若以大气压为基准来度量的液体压力，称为相对压力。相对压力也称表压力。它们与大气的关系为：

$$绝对压力 = 相对压力 + 大气压力$$

在一般的液压系统中，某点的压力通常是指表压力；凡是用压力表测出的压力，都是指表压力，如图 1-9 所示。

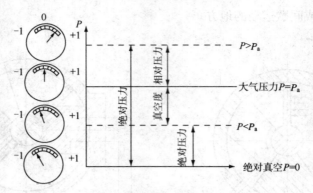

图1-9 压力的度量

若某液压系统中绝对压力小于大气压力，则称该点出现了真空，其真空的程度用真空度表示：

$$真空度 = 大气压力 - 绝对压力$$

2. 流速与流量

油液在管道中流动时，与其流动方向垂直的截面称为过流断面（或通流截面）。

液压传动是靠流动着的有压油液来传递动力，油液在有油管或液压缸内流动的快慢称为流速。因为液体有黏度，流动的液体在油管或液压缸截面上的每一点的速度并不完全相等，因此通常说的流速都是平均值。流速用 v 表示，其单位为 m/s。

单位时间内流过某通流截面的液体的体积称为流量，用 q 表示，其单位为 m^3/s。

1.2.3 任务实施

控制由教师在实验台上连接好的，如图1-3所示的液压传动系统，改变液压缸的负载，观察压力表的变化；调节节流阀的开度，观察速度和流量表的变化。

（1）给液体缸从零开始逐步加载，可以看到，当 $F=0$ 时，即没有负载时，压力也就不存在；负载增大，泵的输出压力，即工作压力也随之增大，说明泵的工作压力取决于工作负载。

（2）从零开始逐步打开节流阀，可以看到，当流量 $q=0$ 时，液压缸的速度 $v=0$，即没有流量就没有速度；q 增大时，v 也随之增大，这就是说，速度取决于流进液压缸工作腔内的液体流量。

1.2.4 知识拓展

一、流体传动的工作原理

液压与气压传动的工作原理基本相似，如图1-10所示为手动液压千斤顶工作原理，以它为例说明液压与气压传动的工作原理。千斤顶中由大缸体5和大活塞6组成举升液压缸；由手动杠杆4、小缸体3、小活塞2、进油单向阀1和排油单向阀 7 组成手动液压泵。

摇动手动杠杆，使小活塞作往复运动。小活塞上移时，泵腔内的容积扩大而形成真空，油箱中的油液在大气压力的作用下，经进油单向阀 1 进入泵腔内；小活塞下移时，泵腔内的油液顶开排油单向阀 7 进入液压缸内使大活塞带动重物一起上升。反复上下摇动杠杆，重物就会逐步升起。手动泵停止工作，大活塞停止运动；打开截止阀 8，油液在重力的作用下排回油箱，大活塞落回原位。这就是液压千斤顶的工作原理。

下面分析液压千斤顶两活塞之间力的关系，运动关系和功率的关系，说明液压传动的基本特征。

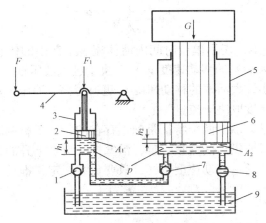

图 1-10　手动液压千斤顶工作原理

1—进油单向阀；2—小活塞；3—小缸体；4—手动杠杆；5—大缸体；
6—大活塞；7—排油单向阀；8—截止阀；9—油箱

1. 力的关系

当大活塞上有重物负载时，其下腔的油液将产生一定的液体压力 p，即

$$P = \frac{G}{A_2} \tag{1-1}$$

在千斤顶工作中，从小活塞到大活塞之间形成了密封的工作容积，根据帕斯卡原理"在密闭容器中由外力作用在液体的表面上的压力可以等值地传递到液体内部的所有各点"，因此要顶起重物，在小活塞下腔就必须产生一个等值的压力 p，即小活塞上施加的力为

$$F_1 = pA_1 = \frac{A_1}{A_2}G \tag{1-2}$$

可见在活塞面积 A_1、A_2 一定的情况下，液体压力 p 取决于举升的重物负载，而手动泵上的作用力 F_1 则取决于压力 p。所以，被举升的重物负载越大，液体压

力 p 越高，手动泵上所需的作用力 F_1 也就越大；反之，如果空载工作，且不计摩擦力，则液体压力 p 和手动泵上的作用力 F_1 都为零。液压传动的这一特性，可以简略的表述为"工作压力取决于工作负载"。

2. 运动关系

由于小活塞到大活塞之间为密封工作容积，根据质量守恒定律，小活塞向下压出油液的体积必然等于大活塞向上升起时流入的油液体积，即

$$V = A_1 h_1 = A_2 h_2 \tag{1-3}$$

上式两端同除以活塞移动时间 t 得

$$q = v_1 A_1 = v_2 A_2 \tag{1-4}$$

或

$$v_2 = \frac{A_1}{A_2} v_1 = \frac{q}{A_2} \tag{1-5}$$

式中 $q = v_1 A_1 = v_2 A_2$，表示单位时间内液体流过某截面的体积。由于活塞面积 A_1、A_2 已定，所以大活塞的移动速度 v_1 只取决于进入液压缸的流量 q。这样，进入液压缸的流量越多，大活塞的移动速度 v_1 也就越高。液压传动的这一特性，可以简略的表述为"速度取决于流量"。

这里要指出的是，以上两个特征是独立存在的，互不影响。不管液压千斤顶的负载如何变化，只要供给的流量一定，活塞推动负载上升的运动速度就一定；同样，不管液压缸的活塞移动速度怎样，只要负载一定，推动负载所需的液体压力则确定不变。

3. 功率关系

若不考虑各种能量损失，手动泵的输入功率等于液压缸的输出功率，即

$$F_1 v_1 = G v_2 \tag{1-6}$$

或

$$P = p A_1 v_1 = p A_2 v_1 = p q \tag{1-7}$$

可见，液压传动的功率 P 可以用液体压力 p 和流量 q 的乘积来表示，压力 p 和流量 q 是液压传动中最基本、最重要的两个参数。

上述千斤顶的工作过程，就是将手动机械能转换为液体压力能，又将液体压力能转换为机械能输出的过程。

综上所述，可归纳出液压传动的基本特征是：以液体为工作介质，依靠处于密封工作容积内的液体压力能来传递能量；压力的高低取决于负载；负载速度的传递是按容积变化相等的原则进行的，速度的大小取决于流量；压力和流量是液压传动中最基本、最重要的两个参数。

二、流体静力学

液体静力学是研究液体处于相对平衡状态下的力学规律和对这些规律的实际应用。

这里所说的相对平衡是指液体内部质点与质点之间没有相对位移；至于液体

整体，可以是处于静止状态，也可以如刚体似的随同容器做各种运动。

在相对平衡的状态下，外力作用于静止液体内的力是法向的压应力，称为静压力。

在密闭容器中由外力作用在液体的表面上的压力可以等值地传递到液体内部的所有各质点，这就是著名的帕斯卡原理，或称为静压力传递原理。

如图 1-11 所示，油液充满于密闭的液压缸左腔，当活塞受到向左的外力 F 作用时，液压缸左腔内的油液（被视为不可压缩）受活塞的作用，处于被挤压状态，油液中各质点都受到大小为 F 的静压力。

同时，油液对活塞有一个反作用力 F_p 而使活塞处于平衡状态。不考虑活塞的自重，则活塞平衡时的受力情形如图 1-12 所示。作用于活塞的力有两个，一个是外力 F，另一个是油液作用于活塞的力 F_p，两力大小相等，方向相反。设活塞的有效作用面积为 A，活塞作用在油液单位面积上的力为 F/A。油液单位面积上承受的作用力称为压强，在工程上习惯称为压力，单位为帕，用符号 P 表示。即

$$P = \frac{F}{A} \tag{1-8}$$

式中　P——油液的压力，Pa；

　　　F——作用在油液表面上的外力，N；

　　　A——油液表面的承压面积，即活塞的有效作用面积，m^2。

压力 P 单位为 N/m^2（牛/米^2），即 Pa（帕斯卡），目前工程上常用 MPa（兆帕）作为液压系统的压力单位。$1MPa=10^6Pa$。

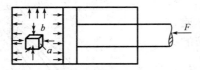 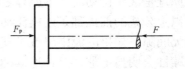

图 1-11　液体质点受力分析图　　　　图 1-12　活塞受力分析图

三、流体动力学

在工程应用中，必须要知道以下一些常识。

（1）管径粗流速低，管径细流速快。

（2）泵的吸油管径要大，尽可能减小管路长度，并限制泵的安装高度，一般控制在 0.5m 范围内。

（3）根据经过阀芯的流量情况，合理选择换向阀的控制方式。

这些常识将涉及在流体动力学中的三个基本方程式：流量的连续性方程、伯努利方程和动量方程。

1. 流量连续性方程

流量连续性方程是质量守恒定律在流体力学中的一种表达形式。理想液体

（不可压缩的液体）在无分支管路中稳定流动时，流过任一通流截面的流量相等，这称为流体连续性原理。油液的可压缩性极小，通常可视作理想液体。

如图 1-13 所示的管路中，截面 1 和截面 2 的流量分别为 q_1 和 q_2，根据流量的连续性原理，可知道

$$q_1 = q_2 \tag{1-9}$$

通过之前面的介绍可知，流量与速度以及管道面积的关系为：$q = Av$，将其代入式（1-9）则可得

$$A_1 v_1 = A_2 v_2 \tag{1-10}$$

式中　A_1、A_2——截面 1 和截面 2 的面积，m^2；
　　　v_1、v_2——流经截面 1 和截面 2 时的平均流速，m/s。

图 1-13　流量连续性原理

式（1-10）也称为流体连续性方程，表明液体在无分支管路中稳定流动时，流经管路不同截面时的平均流速与其截面面积大小成反比。管路截面积小（管径细）的地方平均流速大，管路截面面积大（管径粗）的地方平均流速小。液体连续性原理是液压传动的基本原理之一。

以上公式的前提都是连续流动，即流体质点间无间隙。如果液流中出现了气泡，油液的可压缩性会明显增加，这种连续性就破坏了，当然连续性方程也就不适用了；因此为了保证执行元件速度的准确，液压系统采取密封等措施，尽量避免在油液中混入空气。

2. 伯努利方程

伯努利方程是能量守恒定律在流体力学中的一种表达形式。如图 1-14 所示密度为 ρ 的理想液体在管道内流动，重力加速度为 g，现任取两通流截面 1 和 2 作为研究对象，两截面至水平参考面的距离分别为 h_1 和 h_2，流速分别为 v_1 和 v_2，压力分别为 p_1 和 p_2。此时液流在截面 1 和 2 的能量构成如表 1-3 所列。

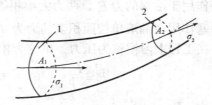

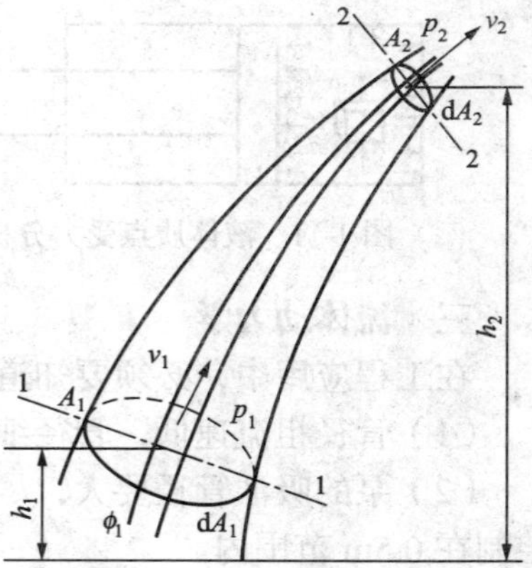

图 1-14　液体的微小流束

根据能量守恒定律：

表 1-3　截面 1 和 2 的能量构成表

能量类型＼截面	截面 1	截面 2
压力因素（表征压力能的大小）	p_1	p_2
位置因素（表征位能的大小）	$\rho g h_1$	$\rho g h_2$
速度因素（表征动能的大小）	$\frac{1}{2}\rho v_1^2$	$\frac{1}{2}\rho v_2^2$

$$p_1 + \rho g h_1 + \frac{1}{2}\rho v_1^2 = p_2 + \rho g h_2 + \frac{1}{2}\rho v_2^2 = 常数 \quad (1-11)$$

上式就是伯努利方程，由此方程可知，在重力作用下，在管道内作流动的液体具有三种形式的能量，即压力能、位能和动能。这三种形式的能量在液体流动过程中可以相互转化，但其总和在各个截面处均为定值。实际液体在管道内流动时因液体内摩擦力作用会造成能量损失；管道局部形状和尺寸的骤然变化会引起液流扰动，相应也会造成能量损失。实际液体的伯努利方程需考虑能量的损失。

$$p_1 + \rho g h_1 + \frac{1}{2}\rho v_1^2 = p_2 + \rho g h_2 + \frac{1}{2}\rho v_2^2 + \Delta p_w \quad (1-12)$$

式中　Δp_w——液体从截面 1 流动到截面 2 的过程中所产生的能量损失。

3. 动量方程

动量方程是动量定理在流体力学中的具体应用。它用于分析计算液流作用在固体壁面上作用力的大小。动量定量指出，作用在物体上的外力等于物体在单位时间内的动量变化量，即

$$\sum F = \frac{mv_2}{\Delta t} - \frac{mv_1}{\Delta t} \quad (1-13)$$

将 $m = \rho V$ 和 $\frac{V}{\Delta t} = q$ 代入上式得

$$\sum F = \rho q v_2 - \rho q v_1 = \rho q \beta_2 v_{a2} - \rho q \beta_1 v_{a1} \quad (1-14)$$

一般在紊流时的动量修正系数 $\beta = 1$，层流时 $\beta = 1.33$。

工程上往往通过动量方程求液流体对通道固体壁面的作用力（稳态液动力）。比如阀芯上所受的稳态液动力都有使滑阀阀口关闭的趋势，流量越大，流速越大，则稳态液动力越大。这将增大操纵滑阀所需的力，所以对大流量的换向阀要求采用液动控制或电-液动控制。

综上所述，前两个方程描述了压力、流速与流量之间的关系，及液体能量相互间的转换关系，后者描述了流动液体与固体壁面之间作用力的关系。

四、管道内压力损失

由于黏性，液体在流动时存在阻力，为了克服阻力就要消耗一部分能量，从而产生能量损失。在液压传动中，能量损失主要表现为压力损失。液压系统中的

压力损失分为两类，一类是油液沿等直径直管流动时所产生的压力损失，称之为沿程压力损失。这类压力损失是由液体流动时的内、外摩擦力所引起的。另一类是油液流经局部障碍（如弯头、接头、管道截面突然扩大或收缩）时，由于液流的方向和速度的突然变化，在局部形成旋涡引起油液质点间以及质点与固体壁面间相互碰撞和剧烈摩擦而产生的压力损失称之为局部压力损失。压力损失过大也就是液压系统中功率损耗的增加，这将导致油液发热加剧，泄漏量增加，效率下降和液压系统性能变坏。

五、气穴现象

在液压系统中，如果某处的压力低于空气分离压，原来溶解在液体中的空气就会分离出来，导致液体中出现大量气泡的现象，称为气穴现象，也称为空穴现象。

这些气泡随着液流流到下游压力较高的部位时，会因承受不了高压而破灭，产生局部的液压冲击，发出噪声并引起振动，当附着在金属表面上的气泡破灭时，它所产生的局部高温和高压会使金属剥落，使表面粗糙，或出现海绵状的小洞穴。气穴对金属物造成的腐蚀、剥蚀现象称为气蚀。

气穴多发生在阀口和液压泵的进口处。由于阀口的通道狭窄，流速增大，压力大幅度下降，以致产生气穴。当泵的安装高度过大或油面不足，吸油管直径太小，吸油阻力大，滤油器阻塞，造成进口处真空度过大，亦会产生气穴。为减少气穴和气蚀的危害，一般采取下列措施：

（1）减少液流在阀口处的压力降，一般希望阀口前后的压力比为 $\dfrac{p_1}{p_2} < 3.5$。

（2）降低吸油高度（一般 $H<0.5m$），适当加大吸油管内径，限制吸油管的流速（一般 $v_a < 1m/s$）。及时清洗吸油过滤器。对高压泵可采用辅助泵供油。

（3）吸油管路要有良好密封，防止空气进入。

六、液压冲击

在液压系统中，由于某种原因，液体压力在一瞬间会突然升高，产生很高的压力峰值，这种现象称为液压冲击。

液压冲击产生的原因很多，如当阀门瞬间关闭时，管道中便产生液压冲击。液压冲击会引起振动和噪声，导致密封装置、管路及液压元件的损失，有时还会使某些元件，如压力继电器、顺序阀产生误动作，影响系统的正常工作。因此，必须采取有效措施来减轻或防止液压冲击。

避免产生液压冲击的基本措施是尽量避免液流速度发生急剧变化，延缓速度变化的时间，其具体办法是：

（1）缓慢开关阀门。

（2）限制管路中液流的速度。

（3）系统中设置蓄能器和安全阀。

（4）在液压元件中设置缓冲装置（如节流孔）。

1.3 气压传动的认识

1.3.1 任务说明

在实验台上，操作由教师构建好的气动剪切机的气压传动系统，控制气缸的往复动作，了解系统的组成，把组成元件归为以下四类：

（1）动力元件。
（2）执行元件。
（3）控制元件。
（4）辅助元件。

1.3.2 理论指导

一、气压传动系统的组成

在高净化、无污染的场合，如食品、印刷等工业环境中，常常会用到气压传动设备。如图 1-15（a）、图 1-15（b）分别是气动食品压力机和气动印刷机。它们是以压缩空气为工作介质，使用气压传动来传递动力的。那么，什么是气压传动系统呢？它是如何工作的呢？

(a)　　　　　　　　　　　　　(b)

图 1-15　气动食品压力机和气动印刷机

（a）气动食品压力机；（b）气动印刷机

以下以气动剪为例，介绍气压传动的工作原理。

如图 1-16 所示为气动剪切机的工作原理图。图示位置为剪切前的情况。空气压缩机 1 产生的压缩空气经后冷却器 2、油水分离器 3、储气罐 4、分水滤气器 5、减压阀6、油雾器7到达换向阀9,部分气体经节流通路 a 进入换向阀9的下腔,使上腔弹簧压缩,换向阀阀芯位于上端;大部分压缩空气经换向阀9后由 b 路进入气缸10的上腔,而气缸的下腔经 c 路、换向阀与大气相通,故气缸活塞处于最下端的位置。当上料装置将工料11送入剪切机并到达规定位置时,工料压下行程阀8,此时换向阀阀芯下腔压缩空气经 d 路、行程阀排入大气,在弹簧的推动下,换向阀阀芯向下运动的下端;压缩空气则经换向阀后由 c 路进入气缸的下腔,上腔经 b 路、换向阀与大气相通,气缸活塞向上运动,剪刃随之上行剪切工料。工料剪下后,即与行程阀脱开,行程阀阀芯在弹簧作用下复位,d 路堵死,换向阀阀芯上移,气缸活塞向下运动,又恢复到剪断前的状态。

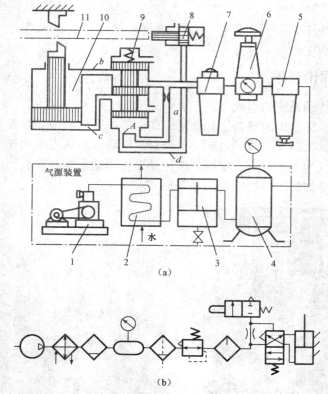

图1-16 气动剪切机的工作原理

(a)结构原理图;(b)图形符号图

1—空气压缩机;2—后冷却器;3—油水分离器;4—储气罐;5—分水滤气器;6—减压阀;
7—油雾器;8—行程阀;9—换向阀;10—气缸;11—工料

由以上分析可知,剪刃克服阻力剪断工料的机械能来自压缩空气的压力能;负责提供压缩空气的是空气压缩机;气路中的换向阀、行程阀起改变气体流向、控制气缸活塞运动方向的作用。图1-16(b)所示为图形符号(又称职能符号)

绘制的气动剪切机系统原理图。

气压传动是以压缩空气作为工作介质来进行工作的，一个完整的气压传动系统由以下几部分组成。

（1）动力元件（气源装置）：其主体部分是空气压缩机。它将原动机（如电动机）供给的机械能转变为气体的压力能，为各类气动设备提供动力。

（2）执行元件：包括各种气缸和气动马达。它的功用是将气体的压力能转变为机械能，带动工作部件做功。

（3）控制元件：包括各种阀体，如各种压力阀、方向阀、流量阀、逻辑元件等，用以控制压缩空气的压力、流量和流动方向以及执行元件的工作程序，以便是执行元件完成预定的运动规律。

（4）辅助元件：是使压缩空气净化、润滑、消声以及用于元件间连接等所需的装置，如各种冷却器、分水排水器、气罐、干燥器、油雾器及消声器等。它们对保持气动系统可靠、稳定和持久工作起着十分重要的作用。

二、气压传动的应用

由于气压传动相比较其他的传动方式具有防火、防爆、节能、高效、成本低廉、无污染等优点，因此在国内外工业生产中应用越来越普遍。表 1-4 列举了气压传动的部分应用实例。

表 1-4 气压传动的应用实例

应用领域	采用气压传动的机器设备和装置
轻工、纺织及化工机械	气动上下料装置；食品包装生产线；气动罐装装置；制革生产线
化工	化工原料输送装置；石油钻采装置；射流负压采样器等
能源与冶金工业	冷扎、热轧装置气动系统；金属冶炼装置气动系统、水压机动系统
电器制造	印制电路板自动生产线；家用电气生产线；显像管转动机械手动装置
机械制造工业	自动生产线；各类机床；工业机械手和机器人；零件加工及检测装置

1.3.3 任务实施

操作由教师构建好的气动剪切机的气压传动系统，指出图 1-18 中各组成部分的名称及作用。

1. 气源装置

图 1-17 中的空气压缩机是气源装置的核心，它将电动机输入的机械能转化为气体的压力能，即压缩空气。

2. 执行元件

图 1-17 中的气缸在压缩空气的推动下移动，可以对外输出推力，通过它把压缩空气的压力能释放出来，转换成机械能，是执行元件。

3. 控制元件

图 1-17 中的控制阀控制气缸的运动方向，是控制元件。

4. 辅助元件

图 1-17 中的过滤器能除去压缩空气中的固态杂质、水滴和油污等污染物，是气压系统中不可缺少的元件，是气压系统的辅助元件。

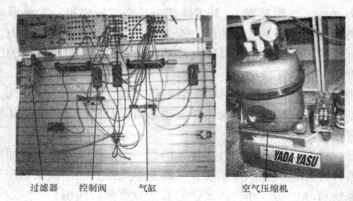

过滤器　　控制阀　　气缸　　　　空气压缩机

图 1-17　气动系统实验台

1.3.4　知识拓展

一、气源装置

1. 空气压缩机

空气压缩机简称空压机，是将空气压缩成压缩空气，将电动机传出的机械能转化成压缩空气的压力能的装置。

如图 1-18 所示为活塞式空气压缩机工作原理。当电动机带动曲柄旋转，使得滑块和活塞向右移动时，气缸腔内容积变大形成真空，在大气压及弹簧的作用下，排气阀关闭，而吸气阀打开，空气进入气缸腔内。曲柄继续旋转，使得活塞向左移动时，气缸腔内因容积变小而气体被压缩，压力升高，吸气阀关闭，排气阀打开，形成压缩空气排出。电动机不断带动曲柄，这样活塞循环往复运动，就可不断产生压缩空气。

2. 后冷却器

后冷却器都安装在空气压缩机的出口管路上，由于空气压缩机输出的压缩空气的温度可以达 120℃以上，在此温度下，空气中的水分完全呈气态。后冷却器的作用就是将空压机出口的温度冷却至 40℃以下，使得其中的大部分的水汽和变质油雾冷凝成液态水滴和油滴，从空气中分离出来。

后冷却器有风冷式和水冷式两种。风冷式结构紧凑、重量轻、占地面积小、易维修，不需要冷却水设备，不用担心断水或水结冰，但只适用于处理空气量少的场合。水冷式散热面积可以达风冷式的 25 倍，效率高，适用于处理空气量大的场合，一般气站都是用水冷式后冷却器。如图 1-19 所示，水冷式按其机构形式可分为蛇管式、列管式和套管式三种，其中蛇管式冷却器结构简单，使用维护方便，适于流量较小的任何压力范围，应用最广泛。

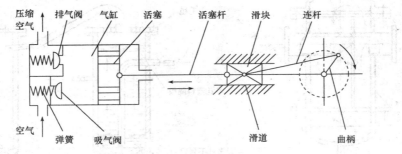

图 1-18　活塞式空气压缩机工作原理

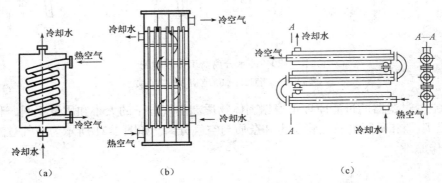

图 1-19　常见水冷式后冷却器
(a) 蛇管式；(b) 列管式；(c) 套管式

3. 油水分离器

油水分离器是将经后冷却器降温凝结出的水滴和油滴等杂质从压缩空气中分离出来。油水分离器主要是用离心、撞击、水洗等方法使压缩空气中凝聚的水分、油分等杂质从压缩空气中能够分离出来，使压缩空气得到初步净化。其结构形式如图 1-20 所示。

4. 储气罐

由于空气压缩机输出的压缩空气的压力不是恒定的，有了储气罐后就可以消除压力脉动，保证供气的连续性、稳定性。它储存的压缩空气可以使空气压缩机连续工作，也可在空气压缩机故障或停电时，维持一定时间的供气，以便保证设备的安全。除此之外，它可以依靠自然冷却降温，进一步分离掉压缩空气中的水分和油分。

5. 空气过滤器

空气过滤器主要用于除去压缩空气中的固态杂质、水滴和油污等污染物，是保证气动设备正常运行的重要元件。按过滤器的排水方式，可分为手动排水式和自动排水式。

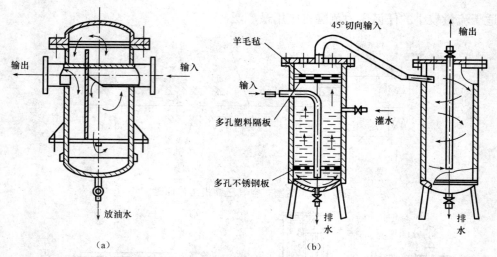

图 1-20 油水分离器工作原理图
(a) 撞击-折回式；(b) 水浴-旋转离心式

空气过滤器的过滤原理是根据固体物质和空气分子的大小和质量不同，利用惯性、阻隔和吸附的方法将灰尘和杂质与空气分离。如图 1-21 所示为空气过滤器的工作原理。

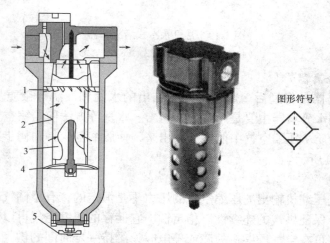

图 1-21 空气过滤器的工作原理及实物图
1—叶栅；2—滤杯；3—滤芯；4—挡水板；5—手动排水阀

当压缩空气从左向右通过过滤器时，经过叶栅 1 导向之后，被迫沿着滤杯 2 的圆周向下做旋转运动。旋转产生的离心力使较重的灰尘颗粒、小水滴和油滴由于自身惯性的作用于滤杯内壁碰撞，并从空气中分离出来流至杯底沉淀起来。其后压缩空气流过滤芯 3，进一步过滤掉更细微的杂质微粒，最后经输出口输出的压缩空气供气装置使用。为防止气流漩涡卷起存于杯中的污水，在滤芯下部设有挡水板 4。手动排水阀 5 必须在液位达到当水板前定期开启以防掉存积的油、水和杂质。有些场合由于人工观察水位和排放不方便，可以将手动排水阀改为自动排水阀，实现自动定期排放。空气过滤器必须垂直安装，压缩空气的进出方向也不可颠倒。空气过滤器的滤芯长期使用后，其通气小孔会逐渐堵塞，使得气流通过能力降低，因此应对滤芯定期进行清洗或更换。

6. 干燥器

压缩空气经后冷却器、油水分离器、储气罐、过滤器净化处理后，其中仍含有一定量的水蒸气，对于要求较高的气动系统还需要进一步处理。干燥器可以进一步去除压缩空气中的水、油和灰尘，其方法有冷冻法、吸附法和高分子隔膜法等，其工作原理如图 1-22 所示。

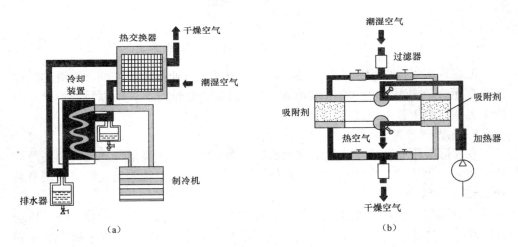

图 1-22　常用干燥器工作原理图
（a）冷冻法；（b）吸附法

7. 油雾器

以压缩空气为动力源的气动元件不能采用普通的方法进行注油润滑，只能通过将油雾混入气流来对部件进行润滑。油雾器是气动系统中一种专用的注油装置。它以压缩空气为动力，将特定的润滑油喷射成雾状混合于压缩空气中，并随压缩空气进入需要润滑的部位，达到润滑的目的。

油雾器的工作原理及实物图如图 1-23 所示。假设压力为 p_1 气流从左向右流经文氏管后压力降为 p_2，当输入压力 p_1 和 p_2 的压差大于把油吸到排出口所需压力 ρgh（ρ 为油液密度）时，油被吸到油雾器上部，在排出口形成油雾并随压缩空气输送到需润滑的部位。在工作过程中，油雾器油杯中的润滑油位应始终保持在油杯上、下限刻度线之间。油位过低会导致油管露出液面吸不上油；位过高会导致气流与油液直接接触，带走过多润滑油，造成管道内油液沉积。

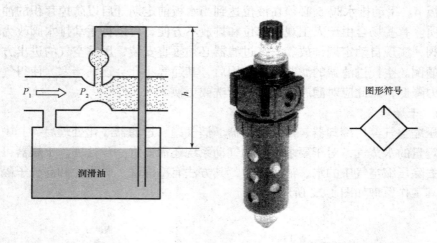

图 1-23　油雾器的工作原理及实物图

但在许多气动应用领域如食品、药品、电子等行业是不允许油雾润滑的，而且油雾还会影响测量仪的测量准确度并对人体健康造成危害，所以目前不给油润滑（无油润滑）技术正在广泛应用。

8. 气源调节装置

在实际应用中，从空气压缩站输出的压缩空气并不能满足气动元件对气源质量的要求。为使空气质量满足气动元件要求，常在气动系统前面安装气源调节装置，如图 1-24 所示。

气源调节装置由过滤器、减压阀和油雾器三部分组成，如图 1-24（a）所示为三联件。过滤器用于从压缩空气中进一步除去水分和固体杂质粒子等，减压阀用于将进气调节至系统所需的压力；有些压缩空气的应用场合要求在压缩空气中含有一定量的油雾，以便对气动元件进行润滑，用于完成这个功能的控制元件即为油雾器，它可以把油滴喷射到压缩空气中。

由于一般气动系统的空气都是直接排入大气中的，而含油空气对人体是有害的，且一些特殊行业中也不允许压缩空气中含有润滑油。随着科学技术的进步，一些新技术新工艺的应用，现在一些气动元器件已经不需要在压缩空气中加润滑油以润滑，因此气源调节装置只由过滤器和减压阀组成，称之为二联件。

二、气缸

气缸使用广泛，使用条件各不相同，从而起结构、形状各异，分类方法繁多。以结构和功能来分，可分为如下几种。

（1）按压缩空气作用在活塞端面上的方向，可分为单作用和双作用缸。

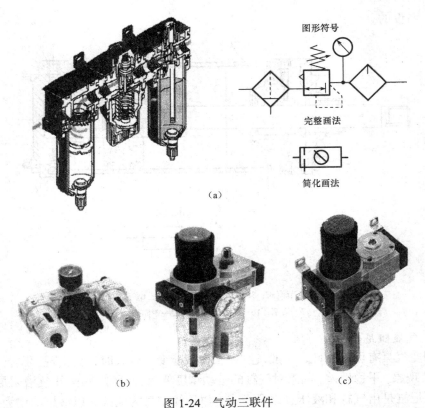

图 1-24 气动三联件

(a)气动三联件的剖面结构图;(b)有油雾器(三联件);(c)无油雾器(二联件)

(2)按结构不同可分为活塞式、柱塞式、叶片式、薄膜式气缸及气液阻尼缸等。

(3)按安装方式可分为耳座式、法兰式、轴销式和凸缘式缸。

(4)按功能可分为普通气缸和特殊气缸。普通气缸指用于无特殊要求场合的一般单、双作用气缸,在市场上容易购得;特殊气缸用于特定的工作场合,一般需要订购。

1. 标准杆缓冲缸

目前除特殊场合外均采用标准化气缸。

标准化气缸用"QG"表示原机械部设计的气缸,分别用符号"A、B、C、D、H"表示普通、标准杆缓冲、粗杆缓冲、气—液阻尼和回转气缸。如图 1-25 所示为"QGB"系列标准杆缓冲缸的结构原理图。此缸双侧设有缓冲柱塞。在活塞到达行程终点前,缓冲柱塞将柱塞孔堵死,从而堵死主排气孔(图中未示出),环形腔气流只能经节流阀排出,由于节流作用使排气背压升高而起到缓冲作用。缓冲作用大小可通过调节节流阀开度来改变。单向阀是为避免反向运动启动时力量不足而设的。

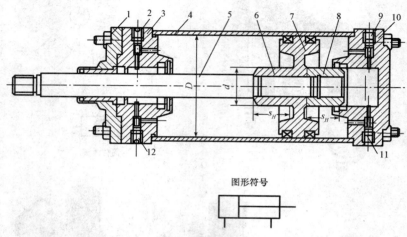

图 1-25 缓冲气缸

1—压盖；2、9—节流阀；3—前缸盖；5—活塞杆；6、8—缓冲柱塞；
7—活塞；10—后缸盖；11、12—单向阀

2. 气液阻尼缸

因空气具有可压缩性，一般气缸在工作载荷变化较大时，会出现"爬行"或"自走"现象，平稳性差，如果对气缸的运动精度要求较高时，可采用气液阻尼缸。气液阻尼缸是由气缸和液压缸组合而成，以压缩空气为能源，以液压油作为控制调节气缸速度的介质，利用液体的可压缩性小和控制液体排量来获得活塞平稳运动和调节活塞的运动速度。

如图 1-26 所示为气液阻尼缸的工作原理。气缸活塞的左行速度可由节流阀 4 来调节，油箱 1 起补油作用。一般将双活塞杆腔作为液压缸，这样可使液压缸两腔的排油量相等，以减小补油箱 1 的容积。

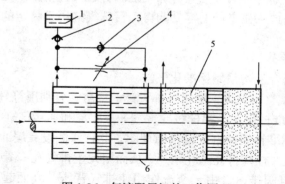

图 1-26 气液阻尼缸的工作原理

1—油箱；2、3—单向阀；4—节流阀；5—气缸；6—液压缸

3. 薄膜式气缸

薄膜式气缸是以薄膜取代活塞带动活塞杆运动的气缸。图 1-27（a）所示为单作用薄膜式气缸，此气缸只有一个气口。当气口输入压缩空气时，推动膜片2、膜盘3、活塞4向下运动，而活塞杆的上行需依靠弹簧力的作用。图 1-27（b）为双作用薄膜式气缸，有两个气口，活塞的上下运动都依靠压缩空气来推动。

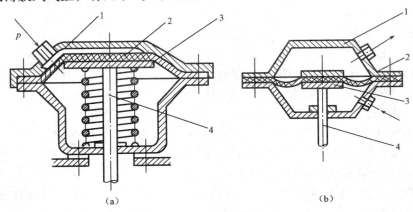

图 1-27　薄膜式汽缸
（a）单作用式；（b）双作用式
1—缸体；2—膜片；3—膜盘；4—活塞杆

薄膜式汽缸结构简单，紧凑，制造容易，维修方便，寿命长，但因膜片的形变量有限，气缸的行程较小，且输出的推力随行程的增大而减小。薄膜式气缸的膜片一般由夹织物橡胶、钢片或磷青铜片制成。膜片的结构有蝶形膜片如图 1-27（a）所示，平膜片如图 1-27（b）所示，此外，还有滚动膜片等。根据活塞杆的行程可选择不同的膜片结构，平膜片气缸的行程仅为膜片直径的 0.1 倍，蝶形膜片行程可达 0.25 倍。

4. 冲击式气缸

冲击式气缸是将压缩空气的能量转化为活塞高速运动能量的一种气缸。活塞的最大速度可达每秒十几米，能完成下料、冲孔、镦粗、打印、弯曲成形、铆接、破碎、模锻等多种作业，具有结构简单、体积小、加工容易、成本低、使用可靠、冲裁质量好等优点。

冲击式气缸有普通型、快排型和压紧活塞式三种。

如图 1-28 所示为普通型冲击气缸的结构简图。冲击式气缸由缸体、中盖、活塞、活塞杆等零件组成。中盖与缸体固结在一起，其上开有喷嘴口和泄气口，喷嘴口直径为缸径的 1/3。中盖和活塞把缸体分成三个腔室：蓄能腔、活塞腔和活塞杆腔，活塞上安装橡胶密封垫，当活塞退回到定点时，密封垫便封住喷嘴口，使蓄能腔和活塞腔之间不通气。

当压缩空气刚进入蓄能腔时，其压力只能通过喷嘴口，小面积作用在活塞上，还不能克服活塞杆腔的排气压力所产生的向上推力以及活塞和缸之间的摩擦力，喷嘴口处于关闭状态。随着空气的不断进入，蓄能腔的压力逐渐升高，当作用在喷嘴口面积上的总推力足以克服活塞收到的阻力时，活塞开始向下运动，喷嘴口打开。此时蓄能腔的压力很高，活塞腔的压力为大气压力，所以蓄能腔内的气体通过喷嘴口以声速流向活塞腔作用于活塞的整个面积上。高速气流进入活塞进一步膨胀并产生冲击波，其压力可达气源压力的几倍到几十倍，而此时活塞杆腔的压力很低，所以活塞在很大压差的作用下迅速加速，活塞在很短的时间（约 0.25~1.25s）内以极高的速度（平均速度可达 8m/s）冲下，从而获得巨大的动能。

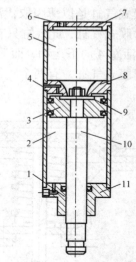

图 1-28　普通型冲击气缸的结构简图
1、6—进排气口；2—活塞杆腔；3—活塞；
4—泄气口；5—蓄能腔；7—后盖；
8—中盖；9—密封垫片；
10—活塞杆；11—前盖

5. 回转气缸

如图 1-29 所示为回转气缸的工作原理图。该气缸的缸体连同缸盖及导气头芯 6 可被携带着一起回转，活塞 4 及活塞 1 只能作往复直线运动，导气头体 9 外接管路而固定不动。

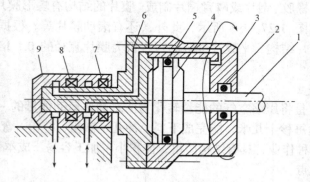

图 1-29　回转气缸的工作原理图
1—活塞杆；2、5—密封装置；3—缸体；4—活塞；6—缸盖及导气头芯；
7、8—轴承；9—导气头体

三、气压马达

最常见的气压马达有叶片式、活塞式、薄膜式三种。

如图 1-30（a）所示为叶片式气压马达的工作原理。压缩空气由 A 孔输入后，分为两路：一路经定子两端密封盖的槽进入叶片底部（图中未表示出来）将叶片推出，叶片就是靠此气压推力和转子转动的离心力作用而紧密地贴紧在定子内壁上；另一路经 A 孔进入相应的密封工作空间，压缩空气作用在两个叶片上，由于两叶片伸出长度不等，在叶片上产生的作用力的大小不同，就产生了转矩，因而叶片与转子按逆时针方向转动。做功后的气体由定子上的孔 C 排出。若改变压缩空气的输入方向，就可以改变转子的转向。

如图 1-30（b）所示为径向活塞式气压马达的原理。压缩空气经进气口进入分配阀后再进入气缸，推动活塞及连杆组件运动，迫使曲轴旋转，同时，带动固定在曲轴上的分配阀同步转动，压缩空气随着分配阀角度位置的改变而进入不同的缸内，依次推动各个活塞运动。各活塞及连杆带动曲轴连续运转，与此同时，与进气缸相对应的气缸则处于排气状态。

如图 1-30（c）所示为薄膜式气压马达原理。它实际上式各薄膜式气缸，当它做往复时，通过推杆端部的棘爪使棘轮做间歇性转动。

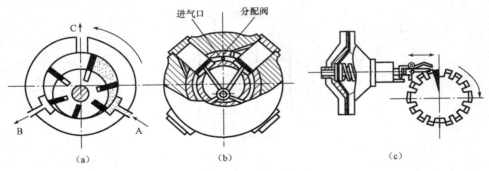

图 1-30　气压马达工作原理
（a）叶片式；（b）活塞式；（c）薄膜式

思考题与练习

1.1　何谓液压传动？液压传动系统由哪些部分组成？各部分的作用是什么？
1.2　气压传动与液压传动有什么异同？
1.3　什么是液体的黏性？
1.4　压力的定义是什么？静压力有哪些特性？静压力如何传递？
1.5　伯努利方程的物理意义是什么？
1.6　如图 1-31 所示，直径为 d，重量为 G 的柱塞没入液体中，并在力的作用下处于静止状态，若液体密度为 ρ，柱塞没入深度为 h，试确定液体在侧压管内上升的高度 x 为多少。

1.7 如图 1-32 所示，连通器中存在两种液体，已知水的密度 $\rho_{H_2O} = 1000\,\text{kg/m}^3$，$h_1 = 60\,\text{cm}$，$h_2 = 75\,\text{cm}$，试求另一种液体的密度 ρ。

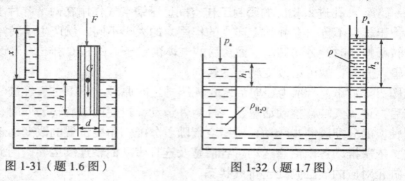

图 1-31（题 1.6 图）　　　图 1-32（题 1.7 图）

1.8 如图 1-33 所示，立式加工中心主轴箱自重及配重 W 为 $8\times 10^4\,\text{N}$，两个液压缸活塞直径 $D=30\,\text{mm}$，问液压缸输出压力 p 应为多少才能平衡？

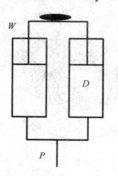

图 1-33（题 1.8 图）

1.9 如图 1-34，液压缸缸体直径 $D=150\,\text{mm}$，柱塞直径 $d=100\,\text{mm}$，负载 $F=5\times 10^4\,\text{N}$。若不计液压油自重及柱塞或缸体重量，求两种情况下的液压缸内的压力。

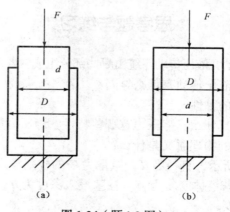

图 1-34（题 1.9 图）

第 2 章 液压元件的选用、拆装与检修

2.1 液压泵的选用

2.1.1 任务说明

如图 2-1 所示为液压压力机,它是利用液压系统进行工作的,液压压力机的工作压力为 10MPa,进入液压缸的流量为 6L/min,该液压系统的动力元件是液压泵,请为该系统选择合适的液压泵。

图 2-1 液压压力机

2.1.2 理论指导

一、容积式液压泵的工作原理

如图 2-2 所示为液压泵的工作原理。电动机带动凸轮 1 旋转时,柱塞 2 在凸轮和弹簧 3 的作用下,在缸体的柱塞孔内左、右往复移动,缸体与柱塞之间构成了容积可变的密封工作腔 4。柱塞 2 向右移动时,工作腔容积变大,形成局部真

空，油液中的油便在大气压力作用下通过单向阀 5 流入泵体内，单向阀 6 关闭，防止系统油液回流，这时液压泵吸油。柱塞向左移动时，工作腔容积变小，油液受挤压，便经单向阀 6 压入系统，单向阀 5 关闭，避免油液流回油箱，这时液压泵压油。若凸轮不停地旋转，泵就不断地吸油和压油。

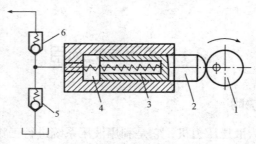

图 2-2　液压泵工作原理图

1—凸轮；2—柱塞；3—弹簧；4—密封工作腔；5、6—单向阀

根据工作腔的容积变化而进行吸油和排油是液压泵的共同特点，因而这种泵又称容积泵。液压泵正常工作必备的条件如下。

（1）有周期性变化的密封容积。密封容积由小变大时吸油，由大变小时压油。

（2）有配流装置。配流装置的作用是保证密封容积在吸油过程中与油箱相通，同时关闭供油通路；压油时与供油管路相通而与油箱切断。如图 2-2 中的单向阀 5 和单向阀 6 就是配流装置，配流装置的形式随着泵的结构差异而不同，它是液压泵工作必不可少的部分。

（3）吸油过程中，油箱必须和大气相通。这是吸油的必要条件。

二、液压泵的性能参数

1. 液压泵的压力

液压泵的压力分为工作压力和额定压力。

（1）工作压力 p。液压泵的工作压力是指液压泵出口处的实际压力值。其大小由外界负载决定：当负载增加时，液压泵的压力升高；当负载减少时，液压泵压力下降。

（2）额定压力 p_n。液压泵的额定压力是指液压泵在连续工作过程中允许达到的最高压力。额定压力值的大小由液压泵零部件的结构强度和密封性来决定。超过这个压力值，液压泵有可能发生机械或密封方面的损坏。

2. 液压泵的排量

排量 V 是指在无泄漏情况下，液压泵转一转所能排出的油液体积。可见，排量的大小只与液压泵中密封工作容腔的几何尺寸和个数有关。

根据泵的排量是否可调，泵可分为变量泵和定量泵。

3. 液压泵的流量

（1）理论流量 q_t。液压泵的理论流量是指在不考虑泄漏的情况下，液压泵单位时间内输出的油液体积。其值等于泵的排量 V 和泵轴转数 n 的乘积，即

$$q_t = Vn \tag{2-1}$$

（2）实际流量 q。液压泵的实际流量是指单位时间内液压泵实际输出油液体积。由于工作过程中泵的出口压力不等于零，因而存在内部泄漏量 Δq（泵的工作压力越高，泄漏量越大），使泵的实际流量小于泵的理论流量，即

$$q = q_t - \Delta q \tag{2-2}$$

当液压泵处于卸荷状态时，这时输出的实际流量近似为理论流量。

（3）额定流量 q_n。液压泵的额定流量是指泵正常工作时，按试验标准规定必须保证的输出流量。额定流量用来评价液压泵的供油能力，可以在产品铭牌上查到。

4. 液压泵的功率

（1）输入功率 P_i。输入功率是驱动液压泵的机械功率，由电动机或柴油机给出。

$$P_i = T_i 2\pi n \tag{2-3}$$

式中　T_i——泵轴上的实际输入转矩。

（2）输出功率 P_o。输出功率是液压泵输出的液压功率，即泵的实际流量 q_v 与泵的进、出口压差 Δp 的乘积

$$P_o = \Delta p q_v \tag{2-4}$$

5. 液压的效率

实际上，液压泵在工作中是有能量损失的，这种损失分为容积损失和机械损失。

（1）容积损失和容积效率 η_v

容积损失主要是液压泵内部泄漏造成的流量损失。容积损失的大小用容积效率表征，即

$$\eta_v = q/q_t \tag{2-5}$$

（2）机械损失和机械效率 η_m

由于泵内存在各种摩擦（机械摩擦、液体摩擦），泵的实际输入转矩 T_i 总是大于其理论转矩 T，这种损失称为机械损失。机械损失的大小用机械效率表征，即

$$\eta_m = T/T_r \tag{2-6}$$

（3）液压泵的总效率 η

泵的总效率是泵输入功率之比，即

$$\eta = \frac{P_o}{P_i} = \eta_v \eta_m \tag{2-7}$$

三、齿轮泵的工作原理

齿轮泵按啮合形式的不同，可分为内啮合和外啮合两种，其中外啮合齿轮泵

应用更广泛,而内啮合齿轮泵则多为辅助泵。

1. 外啮合齿轮泵工作原理

如图 2-3 所示为外啮合齿轮泵的工作原理图。在泵体 1 内有一对外啮合齿轮,即主动齿轮 2 和从动齿轮 3。由于齿轮端面与壳体端盖之间的缝隙很小,齿轮齿顶与壳体内表面的间隙也很小,因此可以看成将齿轮泵壳体内分隔成左、右个密封容腔。当主动齿轮逆时针旋转时,右侧的齿轮逐渐脱离啮合,露出齿间。因此这一侧的密封容腔的体积逐渐增大,形成局部真空,油箱中的油液在大气压力的作用下经泵的吸油口进入这个腔体,因此这个容腔称为吸油腔。随着齿轮的转动,每个齿间中的油液从右侧被带到了左侧。在左侧的密封容腔中,轮齿逐渐进入啮合,使左侧密封容腔的体积逐渐减小,把齿间的油液从压油口挤压输出的容腔称为压油腔。当齿轮泵不断地旋转时,齿轮泵的吸、压油口不断地吸油和压油,实现了向液压系统输送油液的过程。在齿轮泵中,吸油区和压油区由相互啮合的轮齿和泵体分隔开来,因此不需要单独的配流装置。

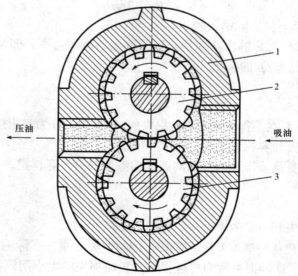

图 2-3 外啮合齿轮泵的工作原理
1—壳体;2—主动齿轮;3—从动齿轮

2. 内啮合齿泵

内啮合齿轮泵有渐开线齿形和摆线齿形两种,其结构示意如图 2-4 所示。

这两种内啮合齿轮泵工作原理和主要特点皆同于外啮合齿轮泵。在渐开线齿形内啮合齿轮泵中,小齿轮和内齿轮之间要装一块月牙隔板,以便把吸油腔和压油腔隔开,如图 2-4(a)所示;摆线齿形啮合齿轮泵又称摆线转子泵,在这种泵中，小齿轮和内齿轮只相差一齿，因而不需设置隔板，如图 2-4（b）所示。内啮合齿轮泵中，小齿轮是主动轮，大齿轮为从动轮，在工作时大齿轮随小齿轮同向旋转。

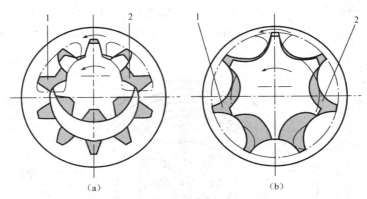

图 2-4　内啮合齿轮泵结构示意图
(a) 渐开线齿形；(b) 摆线齿形
1—吸油腔；2—压油腔

与外啮合齿轮泵相比，内啮合齿轮泵内可做到无困油现象，流量脉动小。内啮合齿轮泵的结构紧凑，尺寸小，重量轻，运行平稳，噪音低，在高转速工作时有较高的容积效率。但在低速、高压区工作时，压力脉动大，容积效率低，所以一般用中、低压系统。在闭式系统中，常用这种泵作为补油泵。内啮合齿轮泵的缺点是齿形复杂，加工困难，价格较贵，且不适合高速高压的工作状况。

3. 齿轮泵的泄漏

在液压泵中，运动件间的密封是靠微小间隙密封的，这些微小间隙从运动学上形成摩擦副，同时，高压腔的油液通过间隙向低压腔的泄漏是不可避免的；齿轮泵压油腔的压力油可通过三条途径泄漏到吸油腔去：一是通过齿轮啮合线处的间隙——齿侧间隙，二是通过泵体定子环内孔和齿顶间的径向间隙——齿顶间隙，三是通过齿轮两端面和侧板间的间隙——端面间隙。在这三类间隙中，端面间隙的泄漏量最大，压力越高，由间隙泄漏的液压油就越多。

为了提高齿轮泵的压力和容积效率，实现齿轮泵的高压化，需要从结构上采取措施，对端面间隙进行自动补偿。通常采用的自动补偿端面间隙装置有：浮动轴套式和弹性侧板式两种，其原理都是引入压力油使轴套或侧板紧贴在齿轮端面上，压力越高，间隙越小，可自动补偿端面磨损和减小间隙。齿轮泵的浮动轴套是浮动安装的，轴套外侧的空腔与泵的压油腔相通，当泵工作时，浮动轴套受油压的作用而压向齿轮端面，将齿轮两侧面压紧，从而补偿了端面间隙。

四、叶片泵的工作原理

叶片泵按其排量是否可变分为定量叶片泵和变量叶片泵，按叶片泵按吸、压油液次数又分为双作用叶片泵和单作用叶片泵。

1. 双作用叶片泵工作原理

如图 2-5 所示为双作用叶片泵的工作原理图。它主要由定子、转子、叶片、配油盘、转动轴和泵体等零件组成。定子内表面由四段圆弧和四段过渡曲线组成，形似椭圆，且定子和转子是同心安装的，泵的供油流量无法调节，所以属于定量泵。

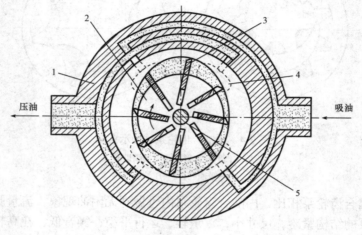

图 2-5 双作用叶片泵的工作原理
1—定子；2—转子；3—叶片；4—配油盘；5—轴

转子旋转时，叶片靠离心力和根部油压作用伸出，并紧贴在定子的内表面上，两叶片之间和转子的外圆柱面、定子内表面及前后配油盘形成了若干个密封工作容腔。

当图中转子顺时针方向旋转时，密封工作腔的容积在左上角和右下角处逐渐增大，形成局部真空而吸油，为吸油区；在左下角和右上角处逐渐减小而压油，为压油区。吸油区和压油区之间有一段封油区将吸、压油区隔开。这种泵的转子每转一转，每个密封工作腔完成吸油和压油各两次，所以称为双作用叶片泵。泵的两个吸油区和两个压油区是径向对称的，因而作用在转子上的径向液压力平衡，所以又称为平衡式叶片泵。

2. 单作用叶片泵工作原理

如图 2-6 所示为单作用叶片泵的工作原理图。与双作用叶片泵不同之处是，单作用叶片泵的定子内表面是一个圆形，转子与定子之间有一偏心量 e，两端的配油盘上只开有一个吸油口和一个压油口。当转子旋转一周时，每一叶片在转子槽内往复滑动一次，每相邻两叶片间的密封腔容积发生一次增大和缩小的变化，容积增大时通过吸油窗口吸油，容积缩小时则通过压油窗口压油。由于这种泵在转子每转一转过程中,吸油压油各一次,故称单作用叶片泵。又因这种泵的转子受到不平衡的径向液压力,故又称为非卸荷式叶片泵,也因此使泵工作压力的提高受到了限制,如果改变定子和转子间的偏心距 e,就可以改变泵的排量,故单作用叶片泵常做成变量泵。

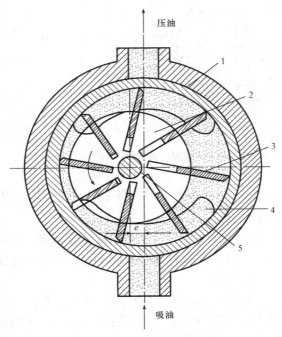

图 2-6 单作用叶片泵工作原理图
1—定子;2—转子;3—叶片;4—配油盘;5—轴

3. 限压式变量叶片泵

单作用叶片泵的变量方法有手调和自调两种。自调变量泵又根据其工作特性的不同分为限压式、恒压式和恒流式三类,其中限压式应用较多。

如图 2-7 所示为限压式变量叶片泵的工作原理及变量特性曲线。转子的中心 O_1 是固定的,定子 2 可以左右移动,在限压弹簧 3 的作用下,定子被推向右端,使定子中心 O_2 和转子中心 O_1 之间有一初始偏心量 e_0,它决定了泵的最大流量。e_0 的大小可用螺钉 6 调节。泵的出口压力 p,经泵体内通道作用于有效面积为 A 的柱塞 5 上,使柱塞对定子 2 产生一作用力 p_A。泵的限定压力 p_B 可通过调节螺钉 4,改变弹簧 3 的压缩量来获得,设弹簧 3 的预紧力为 F_s,当泵的工作压力小于限定压力 p_B 时,则 $p_A<F_s$,此时定子不作移动,最大偏心量 e_0 保持不变,泵输出流量基本上维持最大;当泵的工作压力升高而大于限定压力 p_B 时,$p_A \geqslant F_s$ 定子左移,偏心量减小,泵的流量也减小。泵的工作压力越高,偏心量就越小,泵的

流量也就越小；当泵的压力达到极限压力 P_C 时，偏心量接近零，泵就不再有流量输出。

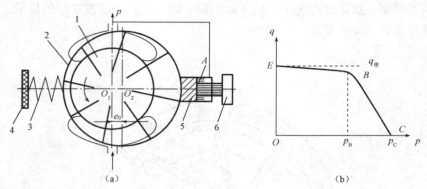

图 2-7 限压式变量叶片泵的工作原理及特性曲线
（a）工作原理；（b）特性曲线
1—转子；2—定子；3—弹簧；4、6—调节螺钉；5—反馈缸柱塞；A—有效面积

五、柱塞泵的工作原理

柱塞泵按柱塞排列方向的不同，分为径向柱塞泵和轴向柱塞泵。轴向柱塞泵的柱塞都平行于缸体中心线；径向柱塞泵的柱塞与缸体中心线垂直。

1. 径向柱塞泵的工作原理

如图 2-8 所示为径向柱塞泵的工作原理图。泵由转子 1、定子 2、柱塞 3、配油铜套 4 和配油轴 5 等主要零件组成。柱塞沿径向均匀分布地安装在转子上。配油铜套和转子紧密配合，并配套装在配油轴上，配油轴是固定不动的。转子连同柱塞由电动机带动一起旋转。柱塞靠离心力（有些结构是靠弹簧或低压补油作用）紧压在定子的内壁面上，由于定子和转子之间有一偏心距 e，所以当转子按图示方向旋转时，柱塞在上半周内向外伸出，其底部的密封容积逐渐增大，产生局部真空，于是通过固定在配油盘轴上的窗口 a 吸油。当柱塞处于下半周时，柱塞底部的密封容积逐渐减小，通过配油轴窗口 b 把油液压出。转子转一周，每个柱塞各吸、压油一次。若改变定子和转子的偏心距 e，则泵的输出流量也改变，即为径向柱塞变量泵，若偏心距 e 从正值变为负值，则进油口和压油口互换，即为双向径向变量柱塞泵。

径向柱塞泵输油量大，压力高，性能稳定，耐冲击性能好，工作可靠；但其径向尺寸大，结构较复杂，自吸能力差，且配油轴受到不平衡液压力的作用，柱塞顶部与定子内表面为点接触，容易磨损，这些都限制了它的应用，已逐渐被轴向柱塞泵替代。

2. 轴向柱塞泵的工作原理

如图 2-9 所示为轴向柱塞泵的工作原理图。轴向柱塞泵的柱塞平行于缸体轴心线。它主要由斜盘 1、柱塞 2、缸体 3、配油盘 4、轴 5 和弹簧 6 等零件组成。斜盘 1 和配流盘 4 固定不动，斜盘法线和缸体轴线间的交角为γ。缸体 3 同轴 5 带动旋转，缸体上均匀分布了若干个轴向柱塞孔，孔内装有柱塞 2，柱塞在弹簧力作用，下头部和斜盘靠牢。

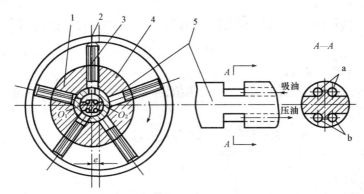

图 2-8　径向柱塞泵工作原理图

1—转子；2—定子；3—柱塞；4—配油铜套；5—配油轴；a—吸油窗口；b—压油窗口

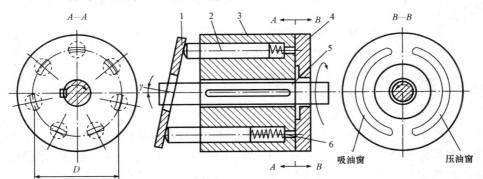

图 2-9　轴向柱塞泵工作原理图

1—斜盘；2—柱塞；3—缸体；4—配油盘；5—轴；6—弹簧

当缸体按如图 2-9 所示方向转动时，由于斜盘和压板的作用，使柱塞在缸体内作往复运动，使各柱塞与缸体间的密封容积做增大或缩小变化，通过配油盘的吸油窗口和压油窗口进行油和压油。当缸孔自最低位置向前上方转动（前面半周）时，柱塞在转角 0~π 范围内逐渐向右压入缸体，柱塞与缸体内孔形成的密封容积减小，经配油盘压油窗口而压油；柱塞在转角 π~2π（里面半周）范围内，柱塞右端缸孔内密封容积增大，经配油盘吸油窗口而吸油。

如果改变斜盘倾角 γ 的大小，就能改变柱塞的行程长度，也就改变了泵的排量；如果改变斜盘的倾斜方向，就能改变泵的吸油方向，而成为双向变量轴向柱塞泵。

2.1.3 任务实施

已知液压压力机的工作压力为 10MPa，进入液压缸的流量为 6L/min，以下为其选择合适的液压泵。

1. 确定额定流量

液压泵的额定流量应满足系统中各执行装置所需的最大流量之和（$\sum q_{max}$），即

$$q_s \geq K_q \sum q_{max} \qquad (2\text{-}8)$$

式中 q_s——额定流量；

K_q——系统的泄漏系数，一般取值为 1.1~1.3（管路长取大值，管路短取小值）；

q_{max}——每个执行装置实际需要的最大流量。

取 K_q=1.2，所以 q_s=7.2L/min。

2. 确定额定压力

液压泵的额定压力应满足系统中执行装置所需的最大压力，即

$$P_s \geq K_P \sum q_{max} \qquad (2\text{-}9)$$

式中 P_s——额定压力；

K_P——系统的压力损失系数，一般取值为 1.3~1.5（管路较短且不复杂，取小值，反之，取大值）；

P_{max}——执行装置的最高工作压力。

取 K_P=1.4，所以 P_s=14 MPa。

3. 选择液压泵的类型

在确定额定流量和额定压力的取值之后就可以选择液压泵的类型了。

在具体选择泵时，可参考表 2-1 及有关手册，查出各类液压泵的技术性能、特点和应用范围并考虑使用环境、温度、清洁状况、安置位置、维护保养、使用寿命和经济性等方面，进行分析比较，最后确定合适的结构形式。

通过查手册，选择柱塞泵的型号为 10YCY14-1B，泵的转速 1450r/min，额定压力为 31.5MPa，额定流量为 10L/min，如表 2-1 所列。

表 2-1 各类液压泵的技术性能

类型	项目	容积效率	总效率	输出流量	工作压力	转速范围
齿轮泵		0.85~0.90	0.60~0.80	0.75~500	0.70~20	300~4000
叶片泵	单作用式（变量）	0.80~0.90	0.70~0.85	25~63	2.5~6.3	600~1800
	双作用式	0.80~0.94	0.70~0.85	4~210	6.3~21	960~1450
柱塞泵	径向柱塞泵	0.90~0.95	0.75~0.92	50~400	7.5~40	960~1450
	轴向柱塞泵	0.95~0.98	0.85~0.95	10~250	6.3~40	10~3000

2.1.4 知识拓展

液压马达

液压马达和液压泵的工作条件不同,对它们的性能要求也不一样,所以同类型的液压马达和液压泵之间,仍存在许多区别。首先,液压马达应能够正、反转,因而要求其内部结构对称;液压马达的转速范围需要足够大,特别对它的最低稳定转速有一定的要求。因此,它通常采用滚动轴承或静压滑动轴承;其次,液压马达由于在输入压力油条件下工作,因而不必具备自吸能力,但需要一定的初始密封性,才能提供必要的启动转矩。由于存在着这些差异,使得许多同类型的液压马达和液压泵虽然在结构上相似,但不能可逆工作。

1. 齿轮液压马达的工作原理

如图 2-10 所示为齿轮马达产生转矩的工作原理。图中 P 是两个齿轮的啮合点,有 P 点到两齿轮齿根的距离分别是 a 和 b。当压力油输入到齿轮马达的右侧油口时,此油口为进油口,处于进油腔的所有齿轮均受到压力油作用。当压力油作用在齿面上时,将在每个齿轮上都受到方向相反的两个切向力的作用,由于 a 和 b 都比齿高 h 小,因此,在两齿轮上分别作用着不平衡的力 $pB(h-a)$ 和 $pB(h-b)$,其中 p 为工作压力,B 为齿宽。在上述不平衡力的作用下,两齿轮就会按图 2-10 所示的方向旋转,并将油液带到排油口排出。齿轮马达产生的转矩与齿轮旋转方向一致,所以齿轮马达能输出转矩和转速。当液压油输入到齿轮马达的左侧油口时,马达反向旋转。

2. 叶片液压马达的工作原理

如图 2-11 所示为双作用定量马达的工作原理。当压力油输入到进油腔时,在叶片上 1、3、5、7 上,一面作用有压力油,另一面则为排油腔的低压油,由于叶片 1、5 受力面积大于叶片 3、7,从而有叶片受力差构成的转矩推动转子作顺时针方向旋转。改变压力油的输入方向,马达反向旋转。

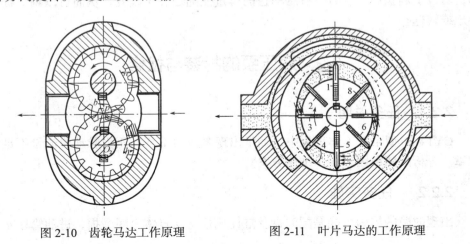

图 2-10 齿轮马达工作原理   图 2-11 叶片马达的工作原理

3. 轴向柱塞式液压的工作原理

如图 2-12 所示为轴向柱塞式马达工作原理。当压力油经配油盘的窗口进入缸体的柱塞孔时,柱塞在压力油的作用下被顶出柱塞孔而压在斜盘上,设斜盘作用在某一柱塞上的反作用力为 F,F 可分解为 F_r 和 F_t 两个分力。其中轴向分力 F_r 和作用在柱塞后端的液压力相平衡,其值为 $F_r = \dfrac{\pi d^2 p}{4}$,而垂直于轴向的分力 $F_t = F_r \tan \gamma$,使缸体产生一定的转矩。其大小为

$$T_i = F_t a = F_t R \sin \varphi = F_r \tan \gamma R \sin \varphi = \frac{\pi d^2}{4} p R \tan r \sin \varphi \quad (2\text{-}10)$$

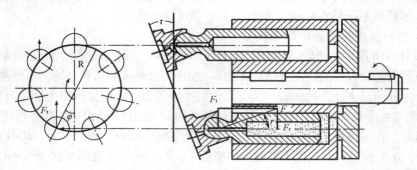

图 2-12 轴向柱塞式马达工作原理

液压马达输出的转矩应该是处于高压腔柱塞产生转矩的总和,即

$$T = \sum \frac{\pi d^2}{4} p R \tan r \sin \varphi \quad (2\text{-}11)$$

由于柱塞的瞬间方位角 φ 是变化的,柱塞产生的转矩也随之变化,故液压马达产生的总转矩是脉动的。若互换液压马达的进、回油路时,液压马达将反向转动;若改变斜盘倾角 γ 时,液压马达的排量便随之发生改变,从而可以调节输出转矩或转速。

2.2 液压泵的拆装与检修

2.2.1 任务说明

CY14-B 型泵在工作过程中,经常出现泵压力不高,压力脉动或流量不足等故障。分析故障原因,提出维修方案。

2.2.2 任务实施

出现故障的原因可能是配油盘及缸体或柱塞与缸体之间磨损,进油管堵塞,

柱塞与油缸卡死或滑靴脱落,柱塞球头折断等。通过拆装和修理可以排除故障。

如图 2-13 所示为 CY14-1B 型泵的主体部分分解立体图。

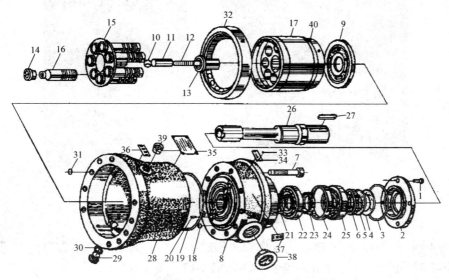

图 2-13　CY14-1B 型泵主体部分分解立体图

1—端盖螺栓；2—端盖；3—密封圈；4、5、6—组合密封圈；7—连接螺栓；8—外壳体；9—配油盘；10—钢球；11—中心内套；12—中心弹簧；13—中心外套；14—滑靴；15—回程盘；16—柱塞；17—缸体外镶钢套；18—小密封圈；19—密封圈；20—配油盘定位销钉；21—轴用挡圈；22、25—轴承；23—内隔圈；24—外隔圈；26—传动轴；27—键；28—中壳体；29—放油塞；30、31—密封圈；32—滚柱轴承；33—铝铆钉；34—旋向牌；35—铭牌；36、37—标牌；38—防护塞；39—回油旋塞；40—缸体

1. 拆卸

（1）松开主体部与变量部的链接螺栓,卸下变量部分,注意预防变量头(斜盘)及止推板滑落,事先在泵下用木板或胶皮垫住。变量部分卸下后要妥善放置并防尘,如图 2-14 所示。

（2）取下 7 套柱塞 16 与滑靴 14 的组装件,连同回程盘 15（见图 2-15）。如果柱塞卡死在缸体 40 中,并研伤缸体,则一般难于修复,必须更换新泵。

图 2-14　变量部分

图 2-15　回程盘

（3）从回程盘 15 中取出 7 套柱塞与滑靴组件，如图 2-16 所示。

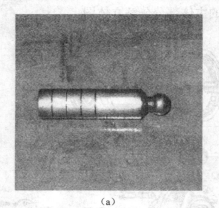

图 2-16　柱塞和滑靴

（a）柱塞；（b）滑靴与柱塞

（4）从传动轴 26 花键端内孔中取出钢球 10、中心内套 11、中心弹簧 12 及中心外套 13 组装件，并分解成单个零件如图 2-17、图 2-18 所示。

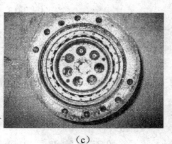

图 2-17　从缸体上拆卸部件

（a）缸体（反面）；（b）传动轴；（c）缸体（正面）

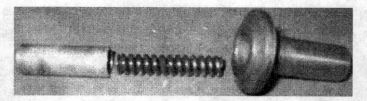

图 2-18　中心内套、中心弹簧、中心外套

（5）取出缸体 40 与钢套 17 组合件，两者为过盈配合不进行分解。

（6）取出配油盘 9（见图 2-19）。

（7）拆下传动键 27。

（8）卸掉端盖螺栓 1 及端盖 2 密封圈 3~6。

(9) 卸下传动轴 26 及轴承组件 21~25。

(10) 卸下连接螺栓 7, 将外壳体 8 与中壳体 28 分解, 注意外泵体上配流盘的定位销不要取下, 准确记住装配位置。

(11) 卸下滚柱轴承 32。

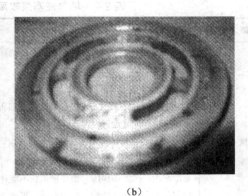

(a)　　　　　　　　　　　　　　(b)

图 2-19　中壳体和配油盘

(a) 中壳体; (b) 配油盘

2. 装配

(1) 用煤油或汽油清洗全部零件。

(2) 将密封圈 19 装入外壳体 8 的槽中。

(3) 外壳体 8 及中壳体 28 用连接螺栓 7 合装。

(4) 将滚柱轴承 32 装入中壳体 28 孔中。

(5) 将传动轴 26 及轴承组件 21~25 装入外壳体 8 中。

(6) 将密封圈 3 装入端盖 2, 将密封组件 3~6 装入端盖 2。

(7) 将端盖 2 与外壳体 8 合装, 用端盖螺栓 1 紧固。

(8) 将配油盘 9 装入外壳体端面贴紧, 用定位销定位。

(9) 将缸体装入中壳体中, 注意与配油盘端面贴紧。

(10) 将中心内套 11、中心弹簧 12 及中心外套组合后装入传动轴内孔。

(11) 在钢球 10 上涂抹清洁黄油黏在弹簧中心内套 11 的球窝中, 防止脱落。

(12) 将 7 套滑靴 14 与柱塞 16 组件装入回程盘孔中。

(13) 将滑靴、柱塞、回程盘组件装入缸体孔中, 注意钢球不要脱离。

(14) 装上传动键 27。

3. 拆装注意事项

(1) 在拆装过程中要确保场地、工具清洁, 严禁污物进入油泵。

(2) 在清洗过程中, 禁用棉纱、脏布擦洗零件, 应当用毛刷、绸布, 防止棉丝头混入液压系统。

（3）柱塞泵为高精度零件组装而成，拆装过程中应轻拿轻放，切勿敲击。

（4）装配过程中各相对运动件都要涂与泵站工作介质相同的润滑油。

4. 轴向柱塞泵故障诊断与排除（见表2-2）

表2-2　轴向柱塞泵故障诊断与排除

故障现象	产生原因	排除方法
流量不足	1. 液压油箱油位太低，吸入管路上过滤器堵塞或漏气 2. 泵壳体内未充满液压油并存有空气 3. 柱塞泵中心弹簧折断，使柱塞不能回程，造成缸体和配流盘失去密封性 4. 配油盘及缸体或柱塞与缸体之间磨损 5. 对于变量泵有两种可能，如为低压，可能是油泵内部摩擦等原因，使变量机构不能达到极限位置，偏角小所致；如为高压，可能是调整误差所致 6. 油温太高或太低	1. 增加油液值至油箱标线范围，拆下过滤器清洗污物，并用压缩空气吹净，紧固吸油管各连接处，严防空气进入 2. 排出泵内空气 3. 更换损坏的中心弹簧 4. 磨平配油盘与缸体的接触面，单缸研配，并更换柱塞 5. 低压时，使变量活塞及变量头活动自如；高压时，纠正调整误差 6. 根据温升选择合适的油液
压力无法建立或压力不足	1. 漏油严重 2. 变量机构角太小，使流量太小，加上内漏影响，因而不能连续对外供压力油 3. 伺服活塞与变量活塞运动不协调，出现偶尔或经常性的脉动 4. 进油管堵塞，阻力变大或漏气	1. 磨平配油盘与缸体的接触面，单缸研配，并更换柱塞，紧固各连接处螺栓，排除漏损 2. 适当加大变量机构的偏角，排除内部损 3. 偶尔脉动，多因油脏，可更换新油，经常脉动，可能是配合研伤或憋劲，应拆下修研 疏通进油管，并清洗进口过滤器，紧固进油管段的连接螺栓
噪声过大	1. 泵轴与电动机轴的同轴度差，泵轴受径向力，转动时产生振动 2. 油的黏度太高 3. 柱塞泵吸油腔距油箱液面大于500mm，使柱塞泵吸油不良 4. 油箱中通气孔被堵	1. 调整泵轴与电动机轴的同轴度 2. 降低油液黏度，可用同类油液进行调配，或更换合适油液 3. 降低柱塞泵吸油口高度 4. 清洗油箱中通气孔
异常发热	1. 油液黏度调高或黏温特性差 2. 油箱容量小 3. 柱塞泵内部油液漏损太大 4. 柱塞泵体内运动件磨损异常	1. 适当降低油液的黏度 2. 增大油箱容量，或增设冷却器 3. 检修柱塞泵，减小泄漏 4. 修复或更换磨损件，并排除异常陌生的原因

2.3 液压缸的拆装与检修

2.3.1 任务说明

如图 2-20 所示为专用钻床的液压缸。在实际使用过程中会出现爬行和局部速度不均匀、液压冲击、工作速度逐渐下降甚至停止等故障。分析这些故障时由哪些因素引起的，并予以排除。

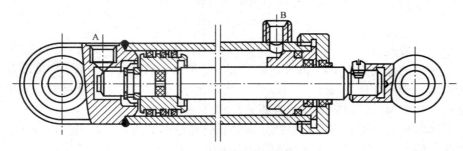

图 2-20 专用钻床液压缸

2.3.2 理论指导

一、活塞组件的密封

活塞装置主要用来防止液压油的泄漏。对密封装置的基本要求是具有良好的密封性能，并随压力的增加能自动提高密封性，除此以外，摩擦阻力要小、耐油、抗腐蚀、耐磨、寿命长、制造简单、拆装方便。油缸主要采用密封圈密封，密封圈有 O 形、V 形、Y 形及组合式等，其材料为耐油橡胶、尼龙、聚氨脂等。

1. O 形密封圈

O 形密封圈的截面为圆形，主要用于静密封。O 形密封圈安装方便，价格便宜，可在 -40℃~20℃ 的温度范围内工作，但与唇形密封圈相比，运动阻力较大，作运动密封时容易产生扭转，故一般不单独用于油缸运动密封（可与其他密封件组合使用）。

O 形圈密封的原理如图 2-21（a）所示，O 形圈装入密封槽后，其截面受到压缩后变形。在无液压力时，靠 O 形圈的弹性对接触面产生预接触压力，实现初始密封，当密封腔充入压力油后，在液压力的作用下，O 形圈挤向槽一侧，密封面上的接触压力上升，提高了密封效果。任何形状的密封圈在安装时，必须保证适当的预压缩量，过小不能密封，过大则摩擦力增大，且易于损坏，因此，安装密封圈的沟槽尺寸和表面精度必须按有关手册给出的数据严格保证。在动密封中，当压力大于 10MPa 时，O 形圈就会被挤入间隙中而损坏，为此需在 O 形圈低压侧设置聚四氟乙烯或尼龙制成的挡圈,其厚度为1.25~2.5mm,双向受高压时,两侧都要加挡圈,其结构如图2-21(b)所示。

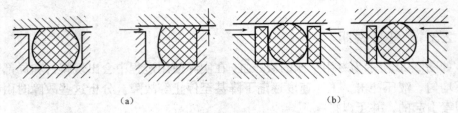

图 2-21　O形密封圈的结构原理
(a)普通型;(b)有挡板型

2. V形密封圈

V形圈的截面为V形,如图2-22所示,V形密封装置是由压环、V形圈和支承环组成。当工作压力高于10MPa时,可增加V形圈的数量,提高密封效果。安装时,V形圈的开口应面向压力高的一侧。

V形圈密封性能良好,耐高压,寿命长,通过调节压紧力,可获得最佳的密封效果,但V形密封装置的摩擦阻力及结构尺寸较大,主要用于活塞杆的往复运动密封,它适宜在工作压力为$P>50$MPa,温度$-40℃~80℃$的条件下工作。

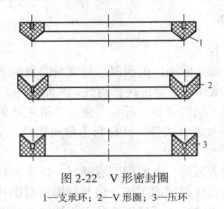

图 2-22　V形密封圈
1—支承环;2—V形圈;3—压环

3. Y(Yx)形密封圈

Y形密封圈的截面为Y形,属唇形密封圈。它是一种密封性、稳定性和耐压性较好、摩擦阻力小、寿命较长的密封圈,故应用也很普遍。Y形圈主要用于往复运动的密封,根据截面长宽比例的不同,Y形圈可分为宽断面和窄断面两种形式,图2-23所示为宽断面Y形密封圈。

Y形圈的密封作用依赖于它的唇边对耦合面的紧密接触,并在压力油作用下产生较大的接触压力,达到密封目的。当液压力升高时,唇边与耦合面贴得更紧,接触压力更高,密封性能更好。

Y形圈安装时，唇口端面应对着液压力高的一侧，当压力变化较大，滑动速度较高时，要使用支承环，以固定密封圈，如图2-23（b）所示。

宽断面Y形圈一般适用于工作压力 $P<20MPa$ 的场合；窄断面Y形圈一般适用于工作压力 $P<32MPa$ 下工作。

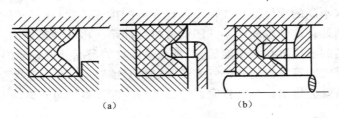

图2-23　Y形密封圈

(a) Y形圈；(b) 带支承的Y形圈

二、液压缸的缓冲装置

当液压缸带动质量较大的部件作快速往复运动时，由于运动部件具有很大的动能，因此当活塞运动到液压缸终端时，会与端盖碰撞，而产生冲击和噪声。这种机械冲击不仅引起液压缸的有关部分的损坏，而且会引起其他相关机械的损伤。为了防止这种危害，保证安全，应采取缓冲措施，对液压缸运动速度进行控制。

图2-24所示为液压缸节流缓冲的几种形式：当活塞移至其端部，缓冲柱塞开始插入缸端的缓冲孔时，活塞与缸端之间形成封闭空间，该腔中受困挤的剩余油液只能从节流小孔或缓冲柱塞与孔槽之间的节流环缝中挤出，从而造成背压迫使运动柱塞降速制动，实现缓冲。目前普遍采用在缸进出口设单向节流阀（见图2-24（d）），可调节缓冲效果。

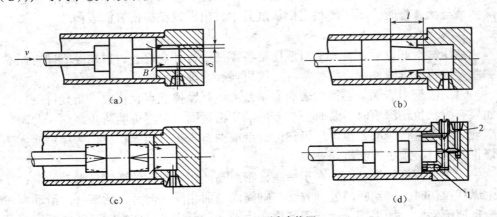

图2-24　液压缸缓冲装置

(a) 圆柱形环隙式；(b) 圆锥形环隙式；(c) 可变节流式；(d) 可调节流式

三、液压缸的排气装置

液压传动系统往往会混入空气,使系统工作不稳定,产生振动,爬行或前冲等现象,严重时会使系统不能正常工作。因此,设计液压缸时,必须考虑空气的排除。

对于要求不高的液压缸,往往不设计专门的排气装置,而是将油口布置在缸筒两端的最高处,这样也能使空气随油液排往油箱,再从油箱溢出,对于速度稳定性要求较高的液压缸和大型液压缸,常在液压缸的最高处设置专门的排气装置,如排气塞,排气阀等。当松开排气塞或阀的锁紧螺钉后,低压往复运动几次,带有气泡的油液就会排出,空气排完后拧紧螺钉,液压缸便可正常。

2.3.3 任务实施

1. 液压缸的拆卸

(1)首先应启动液压系统,将活塞的位置借助液压力移动到适于拆卸的顶端位置。

(2)切断电源,使液压装置停止运动。

(3)为了分析液压缸的受力情况,以便帮助查找液压缸的故障及损坏原因,在拆卸液压缸以前,对主要零件的特征、安装方位,如缸筒、活塞、导向套等,应当做上标记,并记录。

(4)为了将液压缸从钻床工作台上卸下,先将进、出油口的配管卸下,活塞杆端得连接头和安装螺栓等需要全部松开。拆卸时,应严防损伤活塞杆顶端的螺纹、油口螺纹和活塞杆表面。

(5)由于液压缸的结构和大小不同,拆卸的顺序也稍有不同。一般应先松开端盖的紧固螺栓或连接杆,然后按端盖、活塞杆、活塞和岗顺序拆卸。注意在拆除活塞与活塞杆时,不要硬将它们从缸筒中打出,以免损伤缸筒表面。

2. 检查

液压缸拆卸以后,首先应对液压缸各零件经行外观检查,根据经验即可判断哪些零件可以继续使用,哪些零件必须更换和修理。

(1)缸筒内表面。缸筒内表面有很浅的线状摩擦或点状伤痕,是允许的,但如果有纵状拉伤深痕时,及时更换新的活塞密封圈,也不可能防止漏油。此时,必须对内孔进行研磨,也可用极细的砂纸或油石修正。当纵状拉伤为深痕而无法修正时,就必须更换新缸筒。

(2)活塞杆的滑动面。在于活塞杆密封圈做相对滑动的活塞杆滑动面上,产生纵状拉伤时,其判断与处理方法与缸筒内表面相同。但是,活塞杆的滑动面一般是镀硬铬的,如果部分镀层因磨损产生剥离,形成纵状伤痕时,活塞杆密封处的漏油对运动影响很大。必须除去原有的镀层,重新镀铬、抛光,镀铬厚度为

0.005mm 左右。

（3）密封。活塞密封件是防止液压缸内部漏油的关键零件。检查密封件时，应当首先观察密封件的唇边有无损伤，以及密封摩擦面的磨损情况。当发现密封件唇口有轻微的伤痕，摩擦面略有磨损时，最好能更换新的密封件。对使用已久、材质产生硬化变脆的密封件，也须更换。

（4）活塞杆导向套的内表面。导向套内表面若有伤痕，对使用没有妨碍。但是，如果不均匀磨损的深度在 0.2~0.3mm 时，就应该更换新的导向套。

（5）活塞表面。如活塞表面有轻微的伤痕时，不影响使用。但若伤痕深度达 0.2~0.3mm 时，就应更换新的活塞。另外，还要检查是否有端面的碰撞、内压引起活塞的裂缝，如有，则必须更换活塞，因为裂缝可能会引起内部漏油。另外还需要检查密封槽是否受损伤。

（6）其他。检查时应留意端盖、耳环、绞轴是否有裂纹，活塞杆顶端螺纹，油口螺纹有无异常，焊接部分是否有裂缝现象。

思考题与练习

2.1 如何为液压设备选择液压泵？

2.2 影响齿轮泵寿命的因素有哪些？

2.3 液压泵在液压系统中的工作压力取决于什么？它和泵铭牌上的压力有何区别？

2.4 什么是齿轮泵的困油现象？有何危害？如何解决？

2.5 什么是液压泵的容积效率、机械效率和总效率？相互关系如何？

2.6 液压缸如何拆卸和装配？

2.7 液压缸常见故障有哪些？应如何排除？

2.8 液压泵完成吸油和压油，须具备什么条件？

2.9 液压泵的工作压力取决于什么？泵的工作压力和额定压力有何区别？

2.10 某液压泵的输出油压 $p=10$ MPa，转速 $n_p=1450$ r/min，排量为 $V_p=100$ mL/r，容积效率 $\eta_{pv}=0.95$，总效率 $\eta_p=0.9$，求泵的输出功率和电动机的驱动功率。

第3章 液压传动系统的构建

3.1 工件推出装置控制系统的构建

3.1.1 任务说明

一、任务引入

如图 3-1 所示为工件推出装置示意图。通过按下一个按钮控制一个双作用液压缸活塞杆伸出，将一传送装置送来的中型金属工件推到另一与其垂直的传送装置进行进一步加工；按钮松开后，液压缸活塞缩回。请设计出此装置的液压控制回路。

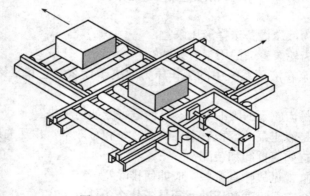

图 3-1 工件推出装置示意图

二、任务分析

采用液压缸来直接推动工件，只要使液压油进入推动工件运动的液压缸不同工作腔，就能使液压缸往复运动，实现循环推出工件的目的。这就需要采用换向阀和换向回路来实现。

3.1.2 理论指导

一、液压辅助元件

1. 油箱功用和结构

如图 3-2 所示为油箱结构示意图与职能符号。油箱的功用主要是储存系统所需的足够油液，散发系统工作中产生的部分热量，沉淀油液中杂质、释出混在油液中的气体等。油箱有开式、隔离式和压力式三种。开式油箱液面直接和大气相通。

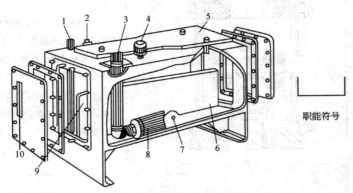

图3-2 油箱结构示意图

1—回油管；2—泄油管；3—吸油管；4—空气滤清器；5—安装板；
6—隔板；7—放油口；8—滤油器；9—清洗窗；10—液位计

2. 滤油器

滤油器作为液压系统不可少的辅助元件，其功用是过滤混在油液中的杂质，降低进入系统中油液的污染度，保证系统正常工作。

（1）滤油器类型。滤油器按其滤芯材料的过滤机制来分，有表面型滤油器、深度型滤油器、吸附型滤油器三种。

①表面型滤油器。表面型滤油器的过滤作用是由一个几何面来实现的。滤下的污染杂质被截留在滤芯元件靠油液上游的一面。其滤芯材料具有均匀的标定小孔，可以滤除比小孔尺寸大的杂质。由于污染杂质积聚在滤芯表面上，因此很容易被阻塞。编网式滤芯、线隙式滤芯属于这种类型。

②深度型滤油器。深度型滤油器滤芯材料为多孔可透性材料，内部具有曲折迂回的通道。大于表面孔径的杂质直接被截留在外表面，较小的污染杂质进入滤材内部，撞到通道壁上，由于吸附作用而得到滤除。滤材内部曲折的通道也有利于污染杂质的沉积。纸芯、毛毡、烧结金属、陶瓷和各种纤维制品滤芯等属于这种类型。

③吸附型滤油器。吸附型滤油器的滤芯材料把油液中的杂质吸附在其表面上。磁芯式滤油器即属于此类。

常见的滤油器式样及其特点如表3-1所列，表3-2中列出了过滤精度推荐值。

（2）滤油器的职能符号。滤油器的职能符号如图3-3所示。

表 3-1 常见的滤油器及其特点

类型	名称及结构简图	特点说明
网式过滤器	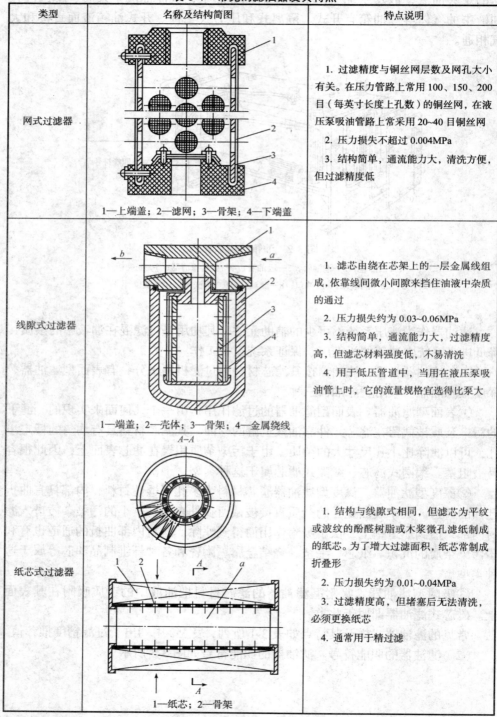　1—上端盖；2—滤网；3—骨架；4—下端盖	1. 过滤精度与铜丝网层数及网孔大小有关。在压力管路上常用 100、150、200 目（每英寸长度上孔数）的铜丝网，在液压泵吸油管路上常采用 20~40 目铜丝网 2. 压力损失不超过 0.004MPa 3. 结构简单，通流能力大，清洗方便，但过滤精度低
线隙式过滤器	1—端盖；2—壳体；3—骨架；4—金属绕线	1. 滤芯由绕在芯架上的一层金属线组成，依靠线间微小间隙来挡住油液中杂质的通过 2. 压力损失约为 0.03~0.06MPa 3. 结构简单，通流能力大，过滤精度高，但滤芯材料强度低，不易清洗 4. 用于低压管道中，当用在液压泵吸油管上时，它的流量规格宜选得比泵大
纸芯式过滤器	1—纸芯；2—骨架	1. 结构与线隙式相同，但滤芯为平纹或波纹的酚醛树脂或木浆微孔滤纸制成的纸芯。为了增大过滤面积，纸芯常制成折叠形 2. 压力损失约为 0.01~0.04MPa 3. 过滤精度高，但堵塞后无法清洗，必须更换纸芯 4. 通常用于精过滤

续 表

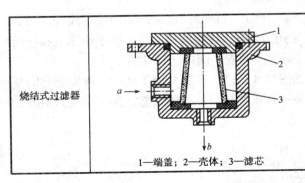

烧结式过滤器	1—端盖；2—壳体；3—滤芯	1. 滤芯由金属粉末烧结而成，利用金属颗粒间的微孔来挡住油中杂质通过。改变金属粉末的颗粒大小，就可以制出不同过滤精度的滤芯 2. 压力损失约为 0.03~0.2MPa 3. 过滤精度高，滤芯能承受高压，但金属颗粒易脱落，堵塞后不易清洗 4. 适用于精过滤

表 3-2 过滤精度推荐值表

系统类别	润滑系统	传动系统			伺服系统
工作压力/MPa	0~2.5	≤14	14<p<21	≥21	21
过滤精度/μm	100	25~50	25	10	5

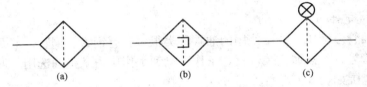

图 3-3 滤油器的职能符号图
(a) 过滤器一般符号；(b) 带磁性过滤器；(c) 带污染指示器

（3）滤油器的选用。滤油器按过滤精度不同分为粗过滤器、普通过滤器、精密过滤器和特精过滤器四种，它们分别能滤去大于 100μm、10~100μm、5~10μm 和 1~5μm 大小的杂质。

选用滤油器时，要考虑下列几点。

① 过滤精度应满足预定要求。

② 能在较长时间内保持足够的通流能力。

③ 滤芯具有足够的强度，不因液压力的作用而损坏。

④ 滤芯抗腐蚀性能好，能在规定的温度下持久地工作。

⑤ 滤芯清洗或更换方便。

因此，滤油器应根据液压系统的技术要求，按过滤精度、通流能力、工作压力、油液黏度、工作温度等条件选定其型号。

（4）滤油器的安装。滤油器在液压系统中的安装位置通常有以下几种。

① 要装在泵的吸油口处。如图 3-4（a）所示泵的吸油路上一般都安装有表面型滤油器，目的是滤去较大的杂质颗粒以保护液压泵，此外滤油器的过滤能力应

为泵流量的两倍以上,压力损失小于0.02MPa。

②安装在压力油路上。如图3-4(b)所示精滤油器可用来滤除可能侵入阀类等元件的污染物。其过滤精度应为10~15μm,且能承受油路上的工作压力和冲击压力,压力降应小于0.35MPa。同时应安装安全阀以防滤油器堵塞。

③安装在系统的回油路上。如图3-4(c)、图3-4(d)所示这种安装起间接过滤作用。一般与过滤器并联安装一背压阀,当过滤器堵塞达到一定压力值时,背压阀打开。

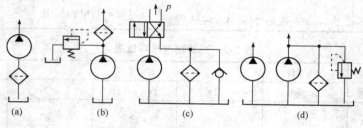

图3-4 过滤器的安装位置

3. 管道元件

(1)油管。液压系统中使用的油管种类很多,有钢管、铜管、尼龙管、塑料管、橡胶管等,须按照安装位置、工作环境和工作压力来正确选用。油管的特点及其适用范围如表3-3所列。

表3-3 液压系统中使用的油管

种 类		特点和适用场合
硬管	钢管	能承受高压,价格低廉,耐油,抗腐蚀,刚性好,但装配时不能任意弯曲;常在装拆方便处用作压力管道,中、高压用无缝管,低压用焊接管等
	紫铜管	易弯曲成各种形状,但承压能力一般不超过6.5~10MPa,抗振能力较弱,又易使油液氧化;通常用在液压装置内配接不便之处
908908软管	尼龙管	乳白色半透明,加热后可以随意弯曲成形或扩口,冷却后又能定形,承压能力因材质而异,自2.5~8MPa不等
	塑料管	质轻耐油,价格便宜,装配方便,但承压能力低,长期使用会变质老化,只宜用作压力低于0.5MPa的回油管、泄油管等
	橡胶管	高压管由耐油橡胶夹几层钢丝编织网制成,钢丝网层数越多,耐压越高,价格越昂贵,用作中、高压系统中两个相对运动件之间的压力管道 低压管由耐油橡胶夹帆布制成,可用作回油管道

(2)管接头。管接头是油管与油管、油管与液压件之间的可拆装连接件,它必须具有装拆方便、连接牢固、密封可靠、外形尺寸小、通流能力大、压力损失小、工艺性好等。

管接头的种类很多,其规格品种可查阅有关手册。常见的管接头如下。

①硬管接头。按管接头和管道的连接方式分,有扩口式管接头、卡套式管接头和焊接式管接头三种。

如图3-5(a)所示为扩口式管接头,它适用于紫铜管、薄钢管、尼龙管和塑料管等低压管道的连接。拧紧接头螺母,通过管套就使管子压紧密封。图3-5(b)所示为卡套式管接头。拧紧接头螺母,卡套发生弹性变形便将管子夹紧。它对轴向尺寸要求不严,装拆方便,但对管道连接用管子尺寸精度要求较高,需采用冷拔无缝钢管,可用于高压系统。

如图3-5(c)、图3-5(d)所示为焊接式管接头,接管与接头体之间的密封方式有球面与锥面接触密封两种。前者有自位性,安装时不很严格,但密封可靠性稍差,适用于工作压力不高的液压系统(约8MPa以下的系统);后者可用于高压系统。

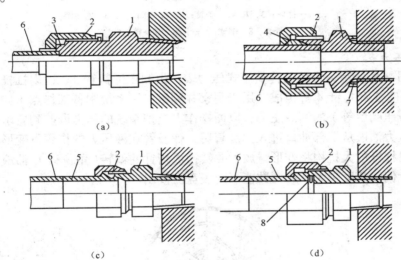

图3-5 硬管接头

1—接头体;2—接头螺母;3—管套;4—卡套;5—接管;
6—管子;7—组合密封垫圈;8—O形密封圈

②胶管接头。胶管接头有可拆式和扣压式两种,各有A、B和C三种类型。随管径不同可用于工作压力在6~40MPa的系统。如图3-6所示为A型扣压式胶管接头,装配时须剥离外胶层,然后在专门设备上扣压而成。

③快速接头。快速接头的全称为快速装拆管接头,它的装拆无需工具,适用于需经常装拆处。如图3-7所示为油路接通的工作位置。需要断开油路时,可用力把外套6向左推,再拉出接头体10,钢球8(有6~8颗)即从接头体10的槽中退出;与此同时,单向阀4、11的锥形阀芯分别在弹簧3、12的作用下将两个

阀口关闭，油路即断开。

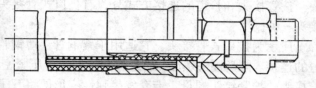

图 3-6　扣压式胶管接头

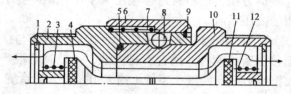

图 3-7　快速接头

1—卡环；2—插座；3、7、12—弹簧；4、11—单向阀；5—密封圈；
6—外套；8—钢球；9—卡环；10—接头体

4．压力表

如图 3-8 所示为常用的弹簧管式压力表，由测压弹簧管 1、齿扇杠杆放大机构 2、基座 3 和指针 4 等组成，用于观察并测量液压系统中各工作点（如液压泵出口、减压阀后等）的油液压力，以便操作人员把系统的压力调整到要求的工作压力。压力油液从下部油口进入弹簧管后，弹簧管在液压力的作用下变形伸张，通过齿扇杠杆放大机构将变形量放大并转换成指针的偏转（角位移），油液压力越大，指针偏转角度越大，压力数值可由表盘上读出。

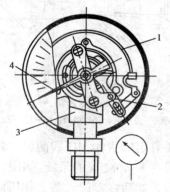

图 3-8　压力表

1—弹簧；2—放大机构；3—基座；4—指针

二、换向阀

换向阀利用阀芯相对于阀体的相对运动，使与阀体相连的几个油路之间接通、关断，或变换油流的方向，从而使液压执行元件启动、停止或变换运动方向。

1. 工作原理

常用的换向阀阀芯在阀体内作往复滑动，称为滑阀。滑阀是一个有多段环形槽的圆柱体，其直径大的部分称凸肩，凸肩与阀体内孔相配合。阀体内孔中加工有若干段环形槽，阀体上有若干个与外部相通的通路口，并与相应的环形槽相通，如图 3-9 所示。

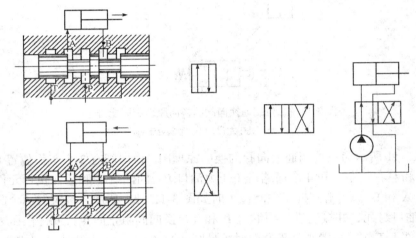

图 3-9　滑阀的结构及工作原理

如图 3-9 所示为二位四通换向阀的换向原理图。换向阀有 2 个工作位置（滑阀在左端和右端）和 4 个通路口（压力油口 P、回油口 T，通往液压缸的油口 A 和 B）。当滑阀处于左工作位置时，P 口和 A 口相通，油液从 P 口经换向阀 A 口通往液压缸左腔，推动液压缸伸出，液压缸右腔的回油从 B 口经过换向阀 T 口流回油箱。当滑阀处于右工作位置时，压力油从 P 口进入阀体，经 B 口流进液压缸右腔，液压缸活塞缩回。回油从 A 口经过换向阀 T 口流回油箱。通过控制滑阀在阀体内作轴向移动，可以改变各油口间的连接关系，实现油液流动方向的改变，从而改变执行元件的运动方向，这就是滑阀式换向阀的工作原理。

如图 3-10 所示为二位二通换向阀的换向原理图。换向阀有 2 个工作位置（滑阀在左端和右端）和 2 个通路口（压力油口 P、通往系统其他部分的油口 A）。当滑阀处于右工作位置时，滑阀的两个凸肩将 P、A 油口封死，隔断进油口 P 和 A，换向阀阻止油液从 P 口流到 A 口，当滑阀处于左工作位置时，压力油从 P 口进入阀体，经 A 口向前流动。L 口是泄油口，把泄漏到滑阀两端的油液引回油箱，以免影响滑阀动作。控制时滑阀在阀体内作轴向移动，通过改变各油口间的连接关系，实现油液流动方向的改变，这就是滑阀式换向阀的工作原理。

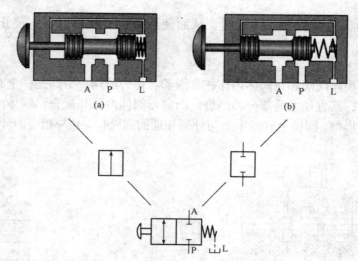

图 3-10 二位二通换向阀的换向原理和职能符号
（a）滑阀处于左位；（b）滑阀处于右位

图 3-11 所示为三位四通换向阀的换向原理图。换向阀有 3 个工作位置（滑阀在中间和左右两端）和 4 个通路口（压力油口 P、回油口 T 和通往执行元件两端的油口 A 和 B）。当滑阀处于中间位置时如图 3-11（b）所示，滑阀的两个凸肩将 A、B 油口封死，并接通进、回油口 P 和 T，换向阀阻止向执行元件供压力油，执行元件不工作，当滑阀处于左位时（见图 3-11（a）），压力油从 P 口进入阀体，经 A 口通向执行元件，而从执行元件流回的油液经 B 口进入阀体，并由回油口 T 流回油箱，执行元件在压力油作用下向某一规定方向运动；当滑阀处于右位时（见图 3-11（c）），压力油经 P、B 口通向执行元件，回油则经 A、T 口流回油箱，执行元件在压力油作用下反向运动。该阀的职能符号如图 3-11（d）所示。

三位四通换向阀在回路中的安装位置及应用，如图 3-12 所示。

2. 换向阀的职能符号

一个换向阀的完整图形符号应具有表明工作位置数、油口数和在各工作位置上油口的连通关系、控制方法以及复位、定位方法的符号。其中工作位置数、油口数和在各工作位置上油口的连通关系如表 3-4 所列。

（1）换向阀的符号是由若干个连接在一起排成一行的方框组成。每一个方框表示换向阀的一个工作位置，方框数即位数；位数是指阀芯可能实现的工作位置数目。

（2）箭头表示两油口连通，并不表示流向，"⊥"或"⊤"表示此油口不通流。

（3）在一个方框内，箭头或"⊥"符号与方框的交点数为油口的通路数，即"通"数，指阀所控制的油路通道（不包括控制油路通道）。

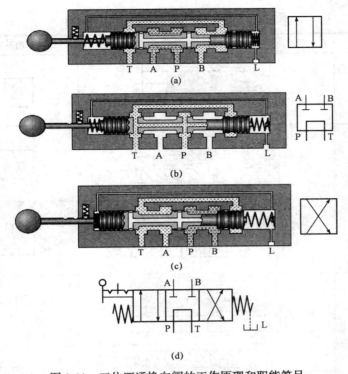

图 3-11 三位四通换向阀的工作原理和职能符号
(a) 滑阀处于左位；(b) 滑阀处于中位；(c) 滑阀处于右位；(d) 职能符号

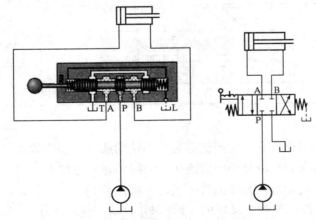

图 3-12 换向阀在回路中的安装位置及应用

（4）一个换向阀完整的图形符号应表示出操纵方式、复位方式和定位方式，方框两端的符号是表示阀的操纵方式及定位方式等。

（5）P 表示压力油的进口，T 表示与油箱连通的回油口，A、B 表示连接其他

表 3-4 常用换向阀的结构原理和图形符号

名称	结构原理	图形符号
二位二通阀		
二位三通		
二位四通		
三位四通		
二位五通		
三位五通		

工作油路的油口。

（6）三位阀的中位及二位阀侧面画有弹簧的那一方框为常态位。在液压系统原理图中，换向阀的符号与油路的连接一般应画在常态位上。

（7）控制方式和复位弹簧的符号画在方框的两侧。

如图 3-13 所示的弹簧复位电磁铁控制的二位四通换向阀，当电磁铁不通电时，阀芯左边复位弹簧的的作用下向右移动，此时称阀处于左位，P 口与 A 口相通，B 口与 T 口相通。

当电磁铁得电时，则阀芯在电磁铁的作用下向左移动，称阀处于右位，此时 P 口与 B 口相通，A 口与 T 口相通。

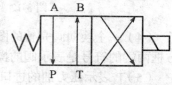

图 3-13 二位四通换向阀

3. 换向阀的操纵方式

控制滑阀移动的方法常用的有人力、机械、电气、液压力控制等。

（1）手动换向阀。手动换向阀是用人力控制方法，改变阀芯工作位置的换向阀，有二位二通、二位四通和三位四通等多种形式。如图 3-14（a）所示为一种三位四通弹簧自动复位手动换向阀。

当手柄上端向左扳时，阀芯向右移动，进油口 P 和油口 A 接通，油口 B 和回油口 T 接通。当手柄上端向右扳时，阀芯左移，这时进油口 P 和油口 B 接通，油口 A 通过环形槽、阀芯中心通孔与回油口 T 接通，实现换向。松开手柄时，右端的弹簧使阀芯恢复到中间位置，断开油路。这种换向阀不能定位在左、右两端位置上。如需滑阀在左、中、右三个位置上均可定位，可将弹簧换成定位装置，如图 3-14（b）所示。

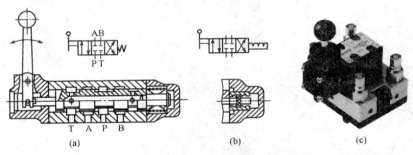

图 3-14 三位四通自动手动换向阀
（a）弹簧自动复位式；（b）钢球定位式；（c）外形图

（2）机动换向阀。机动换向阀又称行程阀，它主要用来控制机械运动部件的行程，它是借助于安装在工作台上的挡铁或凸轮来迫使阀芯移动，从而控制油液的流动方向。其中二位二通机动阀又分常闭和常开两种。图 3-15 为滚轮式二位三通机动换向阀，在图示位置阀芯 4 被弹簧 5 压向上端，油腔 P 和 A 通，B 口关闭。当挡铁或凸轮压住滚轮 2，使阀芯 4 移动到下端时，就使油腔 P 和 A 断开，P 和 T 接通，A 口关闭。

机动换向阀结构简单，换向平稳、可靠，位置精度高，常用于控制运动部件的行程，或实现快、慢速度的转换。但它必须安装在运动部件附近，油液管路较长。

（3）电磁换向阀。电磁换向阀是利用电磁铁的吸力（通电吸合与断电释放）推动阀芯动作，进而控制液流方向的换向阀。

电磁换向阀由电气信号操纵，控制方便，布局灵活，在实现机械自动化方面得到了广泛的应用。但电磁换向阀由于受到电磁吸力的限制，其流量一般不大。

图 3-16 所示为二位三通交流电磁换向阀结构，在图示位置，油口 P 和 A 相通，油口 B 断开；当电磁铁通电吸合时，推杆 1 将阀芯 2 推向右端，这时油口 P

和 A 断开，而 P 与 B 相通。而当磁铁断电释放时，弹簧 3 推动阀芯复位。

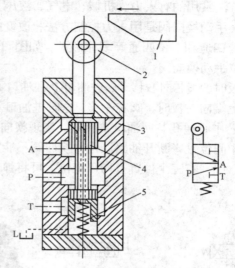

图 3-15　机动换向阀
1—挡铁；2—滚轮；3—阀体；4—阀芯；5—弹簧

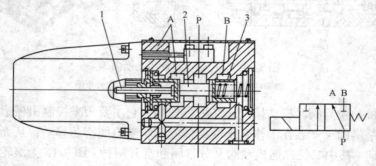

图 3-16　二位三通电磁换向阀
1—推杆；2—阀芯；3—弹簧

如前所述，根据电磁换向阀的工作位置，可分为二位和三位等。二位电磁阀有一个电磁铁，靠弹簧复位；三位电磁阀有两个电磁铁。

如图 3-17 所示为二位四通电磁换向阀的结构和职能符号。当右侧的电磁线圈 4 通电时，吸合衔铁 6 将阀芯 2 推向左位，这时进油口 P 和油口 B 接通，油口 A 与回油口 T 相通；当左侧的电磁铁通电时（右侧电磁铁断电），阀芯被推向右位，这时进油口 P 和油口 A 接通，油口 B 经阀体内部管路与回油口 T 相通，实现执行元件换向；当两侧电磁铁都不通电时，阀芯在两侧弹簧 4 的作用下处于中间位置，这时 4 个油口均不相通。

电磁换向阀的电磁铁可用按钮开关、行程开关、压力继电器等电气元件控制，无论位置远近，控制均很方便，且易于实现动作转换的自动化，因而得到广泛的应用。根据使用电源的不同，电磁换向阀分为交流和直流两种。电磁换向阀用于流量不超过 $1.05\times 10^{-4}\,\mathrm{m^3/s}$ 的液压系统中。

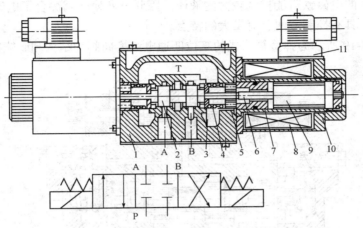

图 3-17 二位四通电磁换向阀的结构原理图
1—阀体；2—阀芯；3—弹簧；4—电磁线圈；5—衔铁

（4）液动换向阀。液动换向阀是利用控制油路的压力油来改变阀芯位置的换向阀，如图 3-18 所示为三位四通液动换向阀的结构和职能符号。阀芯是在其两端密封腔中油液的压差作用下来回移动的。当两端控制油口 K_1、K_2 均不通入压力油时，阀芯在两端弹簧和定位套作用下回到中间位置，P 口被封闭，A、B 和 T 三口相通；当控制油路的压力油从阀右边的控制油口 K_2 进入滑阀右腔，且 K_1 接通回油时，阀芯向左移动，使压力油口 P 与 B 相通，A 与 T 相通；当 K_1 接通压力油，K_2 接通回油时，阀芯向右移动，使得 P 与 A 相通，B 与 T 相通。

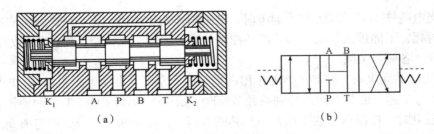

图 3-18 三位四通液动换向阀
(a) 结构图；(b) 职能符号

液动换向阀结构简单、动作可靠、平稳，由于液压驱动力大，故可用于流量大的液压系统中，但它不如电磁阀控制方便。

（5）电液换向阀。电液换向阀是由电磁滑阀和液动滑阀组合而成的复合阀。其中电磁换向阀起先导作用，液动换向阀起主阀作用。由于操纵液动滑阀的液压推力可以很大，所以主阀芯的尺寸可以做得很大，允许有较大流量的油液通过。这样用较小的电磁铁就能控制较大的液流。因此电液换向阀综合了电磁阀和液动阀的优点，具有控制方便、流量大的特点。

如图 3-19 所示为弹簧复位式的三位四通电液换向阀的结构和职能符号。

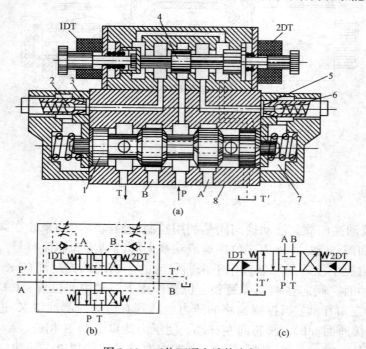

图 3-19 三位四通电液换向阀

1—主阀芯；2、6—单向阀；3、5—节流阀；4—先导阀芯；7—主阀弹簧；8—阀体

当电磁铁 1DT、2DT 都不通电时，电磁阀 4 处于中位，从 P 口进入电磁阀的油被封死，不能进入液动主阀的两端控制油腔，主阀芯在弹簧 7 的作用下处于中间位置，各阀口关闭。

当 1DT 通电时，控制压力油作用在主阀芯的左侧，推动主阀芯右移，P 与 A 通，B 与 T 通，此时右侧的控制油经节流阀 5 及电磁阀接回油口 T 流回油箱。当 2DT 通电时，控制压力油作用在主阀芯的右侧，推动主阀芯左移，P 与 B 通，A 与 T 通，实现了换向。

先导换向阀必须是 Y 型，以使电磁铁 1DT、2DT 都不通电时，电磁阀、主阀可靠停在中位。主阀芯换向速度由节流阀 3、5 调节。

电磁阀的控制油可来自 P 口（见图 3-19），称为内控；也可以来自外接压力油，称外控（图中未画出）。

4. 换向阀的中位机能

三位换向阀的阀芯在中间位置时，各油口间有不同的连通方式，可满足不同的使用要求。这种连通方式称为换向阀的中位机能。三位四通换向阀常见的中位机能、型号、符号及其特点如表 3-5 所列。三位五通换向阀的情况与此相仿。不同的中位机能是通过改变阀芯的形状和尺寸得到的。

表 3-5 三位换向阀的滑阀机能

	O	H	Y	P	M
符号					
性能特点	各油口全封闭 液压缸锁紧 泵不卸荷	油口全连通 泵卸荷 液压缸浮动	进油口封闭 液压缸浮动 泵不卸荷	回油口封闭 实现差动连接 泵不卸荷	液压缸锁紧 液压泵卸荷

三、直动式溢流阀

液压系统中压力取决于负载，当系统超载时，出现压力过高怎么办？控制液压系统中压力大小的办法之一是用溢流阀来控制。

溢流阀在液压系统中的功用主要有两个方面：一是起溢流和稳压作用，保持液压系统的压力恒定；二是起限压保护作用，防止液压系统过载。溢流阀通常接在液压泵出口处的油路上。

根据结构和工作原理不同，溢流阀可分为直动型溢流阀和先导型溢流阀两类。直动型溢流阀用于低压系统，先导型溢流阀用于中、高压系统。

1. 直动型溢流阀的结构和工作原理

直动型溢流阀由阀芯、阀体、弹簧、上盖、调节杆、调节螺母等零件组成。如图 3-20 所示，阀体上进油口旁接在泵的出口，出口接油箱。常态时，阀芯在弹簧力 $F_{簧}=kx_0$ 的作用下处于最下端的位置，进出油口关闭。进油口经 b 孔和 a 孔作用在阀芯底部，产生液压力 $F=pA$，当作用于阀芯底面的液压力 $pA<F_{弹}$ 时，阀芯 7 在弹簧力作用下处于最底端关闭回油口，没有油液流回油箱。当系统压力 $pA \geq F_{弹}$ 时，弹簧被压缩，阀芯上移，打开回油口，部分油液流回油箱，限制压力继续升高，使液压泵出口处压力保持为 $p=\dfrac{F_{簧}}{A}$ 为恒定值。调节弹簧力 $F_{弹}$ 的大小，即可调节液压系统压力的大小。阀芯弹簧腔的泄露油经过内泻通道流到阀的出口引回油箱，若阀的出口压力不为 0，则背压将作用在弹簧的上端，使阀的进口压力增加。

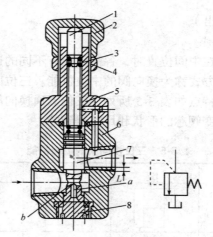

图 3-20 直动型溢流阀的结构
1—调节杆；2—调节螺母；3—调压弹簧；
4—锁紧螺母；5—阀盖；6—阀体；7—阀芯；8—底盖

直动型溢流阀结构简单，制造容易，成本低，但油液压力直接靠弹簧力平衡，所以压力稳定性较差，动作时有振动和噪声；此外，系统压力较高时，要求弹簧刚度大，使阀的开启性能变坏。所以直动型溢流阀只用于低压系统中。

四、换向回路

在液压系统中，利用方向阀控制油液流通、切断和换向，从而控制执行元件的启动、停止及改变执行元件运动方向的回路，称方向控制回路。方向控制回路有换向回路和锁紧回路两种。

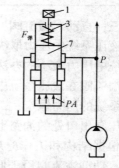

图 3-21 直动型溢流阀的工作原理图
1—调压手柄；2—弹簧；7—阀芯

如图 3-22 所示为三位四通电磁换向阀的换向回路。通过电磁铁的通断电，控制换向阀的阀芯移动，实现主油路的换向。当换向阀左边电磁铁通电而右边电磁铁断电时，换向阀左位工作，油液进入液压缸的左端，推动活塞伸出，右端的油液经换向阀流回油箱，当换向阀右边电磁铁通电而左边电磁铁断电时，换向阀右位工作，油液进入液压缸的右端，推动活塞缩回，左端的油液经换向流回油箱，当两个电磁铁都不通电时，换向阀中位工作，活塞停止运动。

在机床夹具、油压机和起重机等不需要自动换向的场合，常常采用手动换向阀来进行换向，如图 3-23 所示。

3.1.3 参考方案

参考方案一：对于这个课题，由于控制要求比较简单，采用手动换向阀控制液压缸的换向，如图 3-24 所示，为了调节系统压力，在泵的出口处旁接一个溢流阀，为方便进行试验现象分析，在液压缸的左右两腔各安装一个压力表，测得的压力分别为 p_1、p_2。

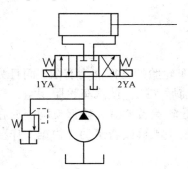

图 3-22　用换向阀进行换向回路

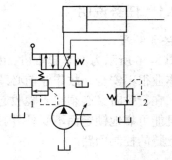

图 3-23　用手动换向阀的换向回路

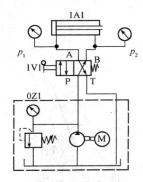

图 3-24　方案一

参考方案二：液压回路采用二位四通电磁换向阀控制液压缸的换向，电磁铁的控制电路如图 3-25 所示。其中图 3-25（b）是不用中间继电器实现控制要求，图 3-25（c）利用中间继电器来增加回路的功能可扩展性。

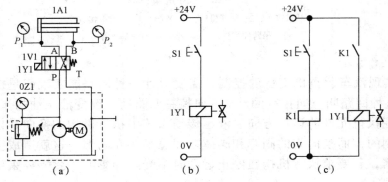

图 3-25　方案二

（a）液压回路；（b）不用中间继电器实现；（c）用中间继电器实现

3.2 汽车起重机支腿液压传动系统的构建

3.2.1 任务说明

1. 任务引入

如图 3-26 所示为汽车起重机,由于汽车轮胎的支撑能力有限,而且为弹性变形体,作业很不安全,故作业前必须放下前后支腿,使汽车轮胎架空,用支腿承受重量。在行驶时又必须将支腿收起来,让轮胎着地。要确保支腿停放在任意位置,并且能可靠地锁定而不受外界影响而发生漂移或者窜动。根据工作要求构建起重机支腿的控制回路。

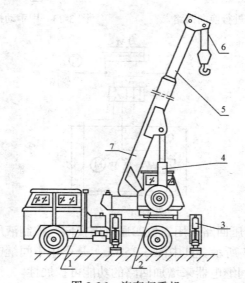

图 3-26 汽车起重机
1—载重汽车;2—回转机构;3—支腿;4—吊臂变幅缸;
5—吊臂伸缩缸;6—起升机构;7—基本臂

2. 任务分析

要实现汽车起重机支腿的控制,需要设计一种回路能实现起重机支腿的收放,这种回路叫方向控制回路。方向控制回路通过改变液压油的流动方向,从而改变执行元件的运动方向。液压传动系统中执行机构的换向是依靠换向阀来控制的,而换向阀的阀芯和阀体之间总是存在间隙,这就造成换向阀内部的泄露,若要求执行机构在停止运动时不受外界影响,就需要采用锁紧回路来实现。

3.2.2 理论指导

一、单向阀

1. 普通单向阀

（1）工作原理。普通单向阀的结构如图3-27所示，主要由阀体、阀芯、弹簧组成，其作用是只允许油液沿一个方向流动，反向则被截止的方向控制阀。压力油从阀体左端进油口 P_1 流入时，克服弹簧3作用在阀芯2上的力，使阀芯向右移动，打开阀口，压力油从 P_2 口流出，但当压力油从阀体右端的通口 P_2 流入时，它和弹簧力一起使阀芯锥面压紧在阀座孔上，使阀口关闭，油液无法通过。

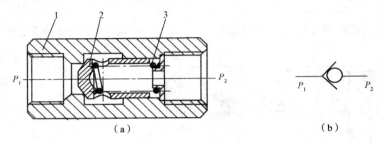

图 3-27 单向阀
（a）结构图；（b）职能符号图
1—阀体；2—阀芯；3—弹簧

对单向阀的要求主要有：
①通流时压力损失要小，反向截止密封性要好。
②动作灵敏，工作时无撞击和噪声。
③开启压力一般为 0~0.5MPa。

（2）应用。主要有以下几个方面。
①普通单向阀装在液压泵的出口处，可以防止油液倒流，避免由于系统压力突然升高，而损坏液压泵，如图3-28所示的2单向阀。
②普通单向阀装在回油管路上作背压阀，使其产生一定的回油阻力，此时，应将单向阀换上较硬的弹簧，使其开启压力达到0.3~0.5MPa，以满足控制油路使用要求或改善执行元件的工作性能，如图3-28所示的单向阀1。
③隔开油路之间不必要的联系，防止油路相互干扰，如图3-29中的阀4。

2. 液控单向阀

液控单向阀是受压力控制后反向也可以通流的单向阀，其结构比普通单向阀多了一个控制油口，如图3-30所示的K口和液控装置（控制活塞1）。当控制口K无压力油（$P_k=0$）通过时，压力油只能从 P_1 口，流到 P_2 口；当控制口K接通控制油压为 P_k 时，此时可推动控制活塞1，顶开单向阀的阀芯2，油液可在两个方向自由流通。

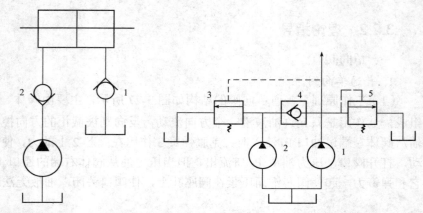

图 3-28 普通单向阀防止油液倒流图　　图 3-29 普通单向阀防止油路相互干扰

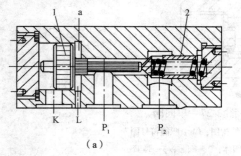

图 3-30 液控单向阀毕弋

(a) 结构图；(b) 职能符号图

1—控制活塞；2—阀芯

如图 3-31 所示为液控单向阀的应用。

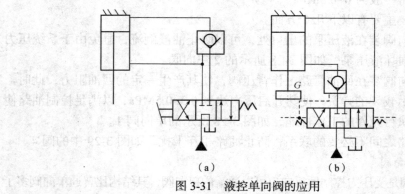

图 3-31 液控单向阀的应用

(a) 保护作用；(b) 支撑作用

如图 3-31（a）所示，当活塞向下运动完成工件的压制任务后，液压缸上腔仍需要保持一定的高压，此时液控单向阀依靠其良好的单向密封性短时保持缸上腔的压力。

如图 3-31（b）所示，当活塞以及所驱动的部件向上抬起并停留时，由于重力作用液压缸下腔承受了因重力而形成的油压，使活塞油有下降的趋势。此时在油路中串联一个液控单向阀，以防止液压缸下腔回油，使液压缸保持在停留位置，支持重物不至于落下。

另外，在安装单向阀时须认清进、出油口的方向，否则会影响系统的正常工作，系统主油路压力的变化，不能对控制油路压力产生影响，以免引起液控单向阀的误动作。

二、锁紧回路

工作部件停止运动时，泵通常处于卸荷状态，为了使液压缸活塞能在任意位置停止，并防止停止后因外界影响而发生漂移或者窜动，通常采用锁紧回路。锁紧回路的功能是切断执行元件的进出油口，要求切断动作可靠、迅速、平稳、持久。

1. 采用液控单向阀的锁紧回路。

如图 3-32 所示为采用液控单向阀的锁紧回路。在液压缸的两侧油路上串接液控单向阀（液压锁），当换向阀处于中位时，液控单向阀关闭液压缸两侧油路，活塞被双向锁紧，左右都不能窜动。这种锁紧回路，锁紧精度只受液压缸内少量的内泄漏影响，因此，锁紧精度较高。采用液控单向阀的锁紧回路，换向阀的中位机能应采用 H 型或 Y 型，当换向阀处于中位时，液控单向阀的控制油路可立即失压，保证单向阀迅速关闭锁紧油路。如采用 O 型机能，在换向阀中位时，由于液控单向阀的控制腔压力油被闭死而不能使其立即失压而关闭，直至由换向阀的内泄漏使控制腔泄压后，液控单向阀才能关闭，影响其锁紧精度。

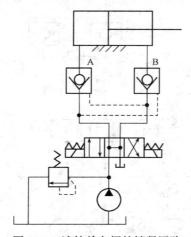

图 3-32 液控单向阀的锁紧回路

2. 采用换向阀的锁紧回路

如图 3-33 所示为采用换向阀的锁紧回路。它利用三位四通换向阀的中位机能

（O型或M型）实现锁紧，当阀芯处于中位时，可以使液压缸的进、出口都被封闭，可以将活塞锁紧，这种锁紧回路由于受到滑阀泄漏的影响，密封性能较差，锁紧效果差，只适用于短时间的锁紧或锁紧程度要求不高的场合。

3.2.3 参考方案

如图3-34所示为汽车起重机支腿的参考控制回路。在这种回路中液压缸的进、出油路中串接液控单向阀，活塞可以在行程的任何一个位置锁紧。其锁紧精度只受液压缸内少量的内泄露影响，因此，锁紧精度较高。当换向阀处于左位或者右位工作时，液控单

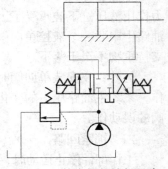

图3-33 换向阀的锁紧回路

向阀控制口K1或者K2通入压力油，缸的回油便可以通过单向阀口回油，此时，活塞可以向上或者向下移动，当换向阀处于中位工作或者液压泵停止供油时，因为阀的中位机能为H型或者Y型，两个液控单向阀的控制油口直接通油箱，故控制压力立即消失，液控单向阀不再反向导通，液压缸因两腔油液封闭便被锁紧。由于液控单向阀的密封性能好，从而使执行元件长期锁紧。

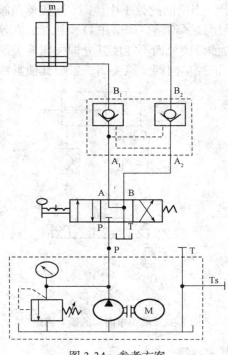

图3-34 参考方案

3.3 黏压机液压传动系统的构建

3.3.1 任务说明

1. 任务引入

如图 3-35 所示为工业黏压机的工作示意图，通过液压缸伸出，将材料黏贴在黏贴板上，根据材料的不同需要调整压紧力，当一个动作完成后，返回准备下一个动作。这就需要液压系统能够提供 3 种不同的稳定的工作压力，同时为了保证系统安全，还必须保证系统过载时能有效地卸荷。试构建黏压机的控制回路。

2. 任务分析

稳定的工作压力是保证系统工作平稳的先决条件，同时液压系统一旦过载，如没有有效的卸荷措施，将会使液压泵处于过载状态而损坏，为了有效地控制压力，需要采用溢流阀和调压回路来实现。

3.3.2 理论指导

一、先导溢流阀

在 3.1 节中讲述了直动式溢流阀的工作原理，直动式溢流阀只能用在低压系统中。在高压大流量的场合就要采用先导型溢流阀。

图 3-35 粘压机

1. 先导型溢流阀的结构和工作原理

先导型溢流阀的结构如图 3-36 所示，由先导阀和主阀两部分组成。先导阀是一个小流量的直动型溢流阀，阀芯是锥阀，用来调节控制压力；主阀阀芯是滑阀，用来控制溢流流量。

阀体上设有进出油口 P 和 T，K 为控制油口。压力油 p 经进油口 P 进入主阀芯下腔 a，同时经阻尼孔 e 进入上腔 d，再经过通道 f 进入先导阀右腔 g，作用在先导锥阀芯 7 右端。给锥阀 7 以向左的作用力，调压弹簧 8 给锥阀以向右的弹簧力。在稳定状态下，当进口油液压力 p 较小时，作用于锥阀上的液压作用力小于弹簧力，先导阀关闭。此时，没有油液流过阻尼孔 e，则油腔 a，d 的压力相同，在主阀弹簧 3 的作用下，主阀芯处于最下端位置，进出油口关闭，没有溢油。

当油液压力 p 增大，使作用于锥阀 7 上的液压作用力大于弹簧 8 的弹簧力时，先导阀开启，油液经通道 j、回油口 T 流回油箱。这时，压力油流经阻尼孔 e 时产生压力降，使 d 腔油液压力 p_1 小于油腔 a 中油液压力 p，当此压力差 $(p-p_1)$ 产生的向上作用力超过主阀弹簧 3 的弹簧力并克服主阀芯自重和摩擦力时，主阀芯向上移动,接通进油口 P 和回油口 T,溢流阀溢油,使油液压力 p 不超过设定压力,当压力 p 随溢流而下降,p_1 也随之下降,直到作用于锥阀 7 上的液压作用力小于弹簧 8 的弹簧力时,先导阀关闭,阻尼孔 e 中没有油液流过,$p = p_1$,主阀芯在主阀弹簧 3 作用下,往下移动,关闭回油口 T,停止溢流。这样,在系统压力超过调定压力时,溢流阀溢油,不超过时则不溢油,起到限压、溢流作用。

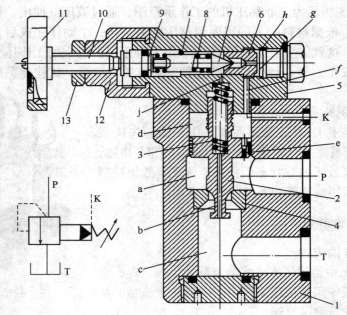

图 3-36　先导型溢流阀的外形图

1—阀体;2—主阀芯;3—主阀弹簧;5—先导阀体;6—先导阀座;7—先导锥阀芯;
8—调压弹簧;9—调节杆;10—调压螺栓;11—手轮;12—阀体;13—螺母

先导型溢流阀设有远程控制口 K,可以实现远程调压(与远程调压阀接通)或卸荷(与油箱接通),不用时封闭。

先导型溢流阀压力稳定、波动小,主要用于中压液压系统中。其外形如图 3-37 所示。

2. 溢流阀的应用

溢流阀的主要作用是稳定液压系统压力或进行安全保护。几乎在所有的液压系统中都需要用到它,其正确使用、性能好坏对整个液压系统的正常工作有很大影响。

(1) 稳定系统压力。如图 3-38 所示,在定量泵与节流阀(节流阀的工作原理将在后续章节学习)之间

图 3-37　先导式溢流阀

旁接一个溢流阀，液压缸所需流量由节流阀调节，泵输出的多余流量由溢流阀溢回油箱。在系统正常工作时，溢流阀阀口始终处于开启溢流状态，维持泵的输出压力恒定不变。

（2）防止液压系统过载。如图3-39所示，在变量泵液压系统中，系统正常工作时，其工作压力低于溢流阀的开启压力，阀口关闭不溢流。当系统超载使工作压力超过溢流阀的开启压力时，溢流阀开启溢流，使系统工作压力不再升高，以保证系统的安全。这种情况溢流阀的开启压力，通常应比液压系统的最大工作压力高10%~20%。

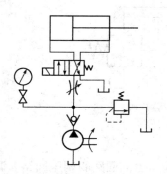
图3-38　溢流阀的溢流稳压作用

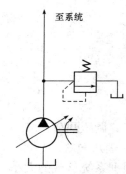
图3-39　安全保护作用

（3）实现远程调压。如图3-40所示，远程调压阀3通过换向阀2与先导式溢流阀1的外控口K连接，便能实现远程调压，当电磁铁通电时由阀3调定系统压力。电磁铁断电时由阀1调定系统压力。注意阀3的调定压力必须小于阀1的调定压力，否则阀3将不起作用。

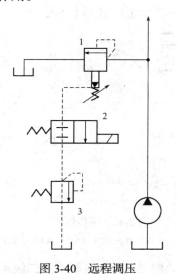
图3-40　远程调压

（4）作背压阀用。如图 3-41 所示，将溢流阀连接在系统的回油路上，在回油路中形成一定的回油阻力（背压），以改善液压执行元件运动的平稳性。

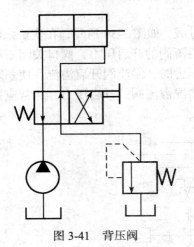

图 3-41 背压阀

二、调压回路

1. 调压回路

根据系统负载的大小来调节系统工作压力的回路叫调压回路。调压回路主要由溢流阀组成。

（1）单级调压回路。如图 3-42（a）所示为由溢流阀组成的压力调定回路，用于定量液压泵系统中。在液压泵出口处并联设置溢流阀，可以控制液压系统的最高压力值。必须指出，为了使系统压力近于恒定，液压泵输出油液的流量除满足系统工作用油量和补偿系统泄漏外，还必须保证有油液经溢流阀流回油箱。所以，这种回路效率较低，一般用于流量不大的场合。

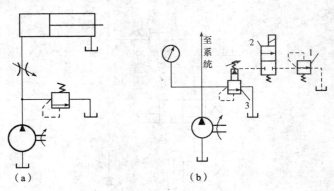

图 3-42 多级调压回路
（a）单级调压回路；（b）二级调压回路

（2）二级调压回路。如图 3-42（b）所示为二级调压回路，可实现两种不同的系统压力控制。由先导式溢流阀3和直动式溢流阀1各调一级。

（3）多级调压回路。如图3-43所示由溢流阀1、2、3分别控制系统压力，从而组成三级压力调压回路。

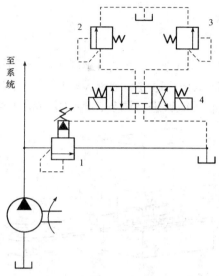

图 3-43　多级调压回路

3.3.3　参考方案

黏压机工作时，不同的材料，其黏贴力也不相同，系统的压力必须与负载相适应，因此可在液压缸进油口和出油口前旁路连接一个溢流阀，来调定系统稳定压力。图3-44所示为采用三级调压回路实现黏压机工作的液压回路，图示工作状态下，泵的出口压力由阀1调定为最高压力；当换向阀4的左右电磁铁分别通电时，泵由远程调压阀2和3调定。阀2和3的调定压力必须小于阀1的调定压力值。通过阀5可以实现工作缸的工作与退回。当阀5的两个电磁铁都断电时，泵卸荷。

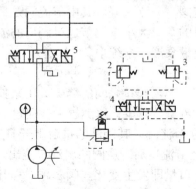

图 3-44　参考方案

3.4 喷漆室传动带装置液压传动系统的构建

3.4.1 任务引入

1. 任务说明

如图 3-45 所示为喷漆室工作示意图，工作时用一台圆周运动的传动链将部件传过喷漆室，传送带由液压马达通过一个锥齿轮传动装置来带动。根据工作要求，传送带运行时，其速度必须能够进行调节，请构建其液压控制回路。

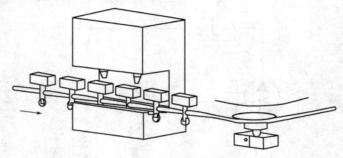

图 3-45 喷漆室示意图

2. 任务分析

要想实现喷漆室传动带速度的调节，需要设计一个速度控制回路液压马达进行速度调节。速度控制回路通过改变系统中的流量，从而改变执行元件的速度，速度控制回路的主要元件是节流阀和调速阀。

3.4.2 理论指导

一、流量控制阀

在液压系统中，控制油液流量的阀称为流量控制阀，简称流量阀。常用的流量控制阀有节流阀、调速阀、分流阀等。其中节流阀是最基本的流量控制阀。流量控制阀通过改变节流口的开口大小来调节通过阀口的流量，从而改变执行元件的运动速度，通常用于定量泵液压系统中。

1. 普通节流阀

（1）工作原理。利用阀芯与阀口之间的缝隙大小来控制流量，缝隙越小节流处的过流面积越小，通过流量就越少；缝隙越大，通过的流量就越大。

如图 3-46 所示为普通节流阀，其阀芯的锥台上开有三角形槽，形成节流口。液流从进油口 P_1 流入，经节流口后，从阀的出油口流出。转动调节手轮，阀芯产生轴向位移，节流口的开口量即发生变化。阀芯越上移开口量就越大。当节流阀的进出口压力差为定值时，改变节流口的开口量，即可改变流过节流阀的流量。

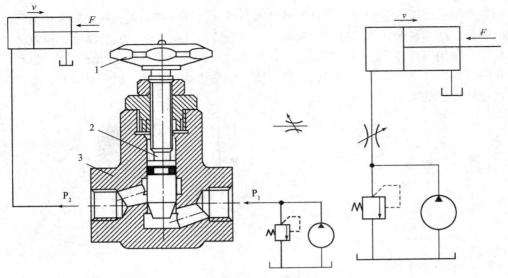

图 3-46 节流阀结构原理图
1—调节手轮；2—阀芯；3—阀体

通过节流阀的流量除了和开口面积有关之外，还与什么因素有关？下面来分析通过节流口的流量特性。

（2）流量特性。改变节流口的通流面积，使流经节流口液阻发生变化，通流面积越小，油液受到的液阻越大，通过阀口的流量就越小，从而调节流量的大小，这就是流量控制阀的工作原理。大量实验证明，节流口的流量特性可以用下式表示

$$q_v = KA_0(\Delta p)^n \tag{3-1}$$

式中　q_v——通过节流口的流量；
　　　A_0——节流口的通流面积；
　　　Δp——节流口前后压力差；
　　　K——流量系数；
　　　n——节流口形式参数，一般在 0.5~1 之间，节流路程短时取小值，节流路程长时取大值。

图 3-46 所示的节流阀，其节流口的前后压差 $\Delta p = p_1 - p_2 = p_1 - \dfrac{F}{A}$，其中，$A$ 为液压缸无杆腔的有效作用面积。

由此可知，节流阀前后压差随负载变化而变化，实践证明温度变化对流量的影响也比较大。

（3）节流口的形式。如图 3-47 所示为常用的几种节流口的形式。如图 3-47 （a）所示为针阀式节流口，针阀芯作轴向移动时，改变环形通流截面积的大小，从而调节了流量。如图 3-47（b）所示为偏心式节流口，在阀芯上开有一个截面

为三角形（或矩形）的偏心槽，当转动阀芯时，就可以调节通流截面积大小而调节流量。这两种形式的节流口结构简单，制造容易，但节流口容易堵塞，流量不稳定，适用于性能要求不高的场合。如图3-47（c）所示为轴向三角槽式节流口，在阀芯端部开有一个或两个斜的三角沟槽，轴向移动阀芯时，就可以改变三角槽通流截面积的大小，从而调节流量。

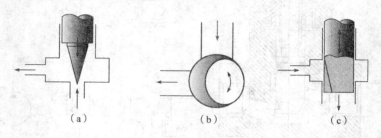

图3-47 常用节流口的形式

2. 单向节流阀

如图3-48所示为节流阀和单向阀同做在一个阀体上称为单向节流阀。同时起节流阀和单向阀的作用。当压力油从油口 P_1 流入时，油液经阀芯上的轴向三角槽节流口从油口 P_2 流出，旋转手柄可改变节流口通流面积大小而调节流量。当压力油从油口 P_2 流入时，在油压作用力作用下，阀芯下移，压力油从油口 P_1 流出，起单向阀作用。

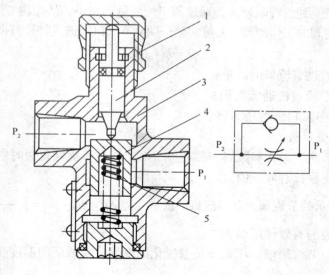

图3-48 可调单向节流阀

由于普通节流阀工作中随外部负载变化，节流阀前后的压力差 Δp 将发生变化，通过节流阀的流量也随之变化而使速度不稳定。因此只适用于负载和温度变化不大或速度稳定性要求不高的场合。在速度稳定性要求高的场合，则要使用流量稳定性好的调速阀。

3. 调速阀

调速阀是由一个定差减压阀和一个可调节流阀串联组合而成。用定差减压阀来保证可调节流阀前后的压力差 Δp 不受负载变化的影响，从而使通过节流阀的流量保持稳定。

如图 3-49 所示为调速阀的工作原理图。压力油液 p_1 经减压口 h（油液流经小口产生压力损失，开口越小压力损失越大，即开口越小减压效果越明显，反之亦然），减压后以压力 p_2 进入节流阀，然后以压力 p_3 进入液压缸左腔，推动活塞以速度 v 向右运动。节流阀前后的压力差 $\Delta p = p_2 - p_3$。减压阀阀芯 1 上端的油腔 b 经通道 a 与节流阀出油口相通，其油液压力为 p_3；其肩部油腔 c 和下端油腔 e 经通道 d 和 f 与节流阀进油口（即减压阀出油口）相通，其油液压力为 p_2，当作用于液压缸的负载 F 增大时，压力 p_3 也增大，作用于减压阀阀芯上端的液压力也随之增大，使阀芯下移，减压阀进油口处的开口加大，压力降减小，因而使减压阀出口（节流阀进口）处压力 p_2 增大，结果保持了节流阀前后的压力差 $\Delta p = p_2 - p_3$ 基本不变。当负载 F 减小时，压力 p_3 减小，减压阀阀芯上端油腔压力减小，阀芯在油腔 c 和 e 中压力油（压力为 p_2）的作用下上移，使减压阀口开口减小，压力降增大，因而使 p_2 随之减小，结果仍保持节流阀前后压力差 $\Delta p = p_2 - p_3$ 基本不变。

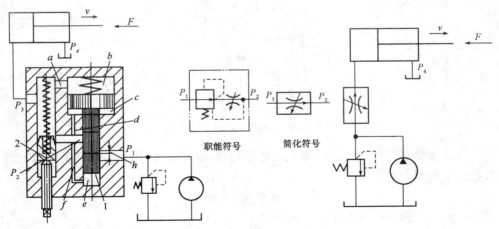

图 3-49 调速阀的工作原理
1—减压阀芯；2—节流阀芯；3—溢流阀图

通过以上分析可知，当负载变化时，通过调速阀的油液流量基本不变，调速稳定性好。

其他常用的调速阀还有与单向阀组合成的单向调速阀和温度补偿调速阀等。

二、调速回路

通过改变流量来控制执行元件运动速度的回路称为调速回路。调速方法有定量泵的节流调速、变量泵的容积调速和容积节流复合调速等三种。其中,最常用的是节流调速。

1. 节流调速回路

在采用定量泵的液压系统中安装节流阀或调速阀,通过调节其通流面积来调节进入液压缸的流量,从而调节执行元件速度的方法称为节流调速。根据节流阀在油路中安装位置的不同,可分为进油节流调速、回油节流调速、旁路节流调速等多种形式。其中,最常用的是进油节流调速回路和回油节流调速回路。

(1) 进油节流调速回路。如图 3-50 所示,把流量控制阀装在执行元件的进油路上的,压力油总是通过节流之后才进入液压缸,通过调整节流口的大小,控制进入液压缸的流量,从而改变其运动速度,这种调速回路称为进油节流调速回路。回路工作时,液压泵输出的油液(压力 p_B 由溢流阀调定),经可调节流阀进入液压缸左腔,推动活塞向右运动,右腔的油液则流回油箱。液压缸左腔的油液压力 p_1 由作用在活塞上的负载阻力 F 的大小决定。液压缸左腔的油液压力 $p_2 \approx 0$。进入液压缸油液的流量 Q_1 由可调节流阀调节,多余的油液 Q_2 经溢流阀回油箱。

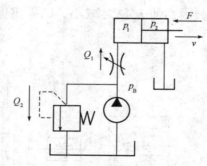

图 3-50 进油节流调速回路

当活塞带动工作机构以速度 v 向右作匀速运动时,作用在活塞两个方向上的力互相平衡即

$$p_1 A_1 = F + p_2 A_2$$

式中　p_1——液压缸左腔油压,Pa;

　　　p_2——液压缸右腔油压,Pa;

　　　F——作用在活塞上的负载阻力,N;

　　　A_1——活塞无杆腔有效作用面积,m^2;

　　　A_2——活塞有杆腔有效作用面积,m^2。

整理得

$$p_1 = \frac{F}{A_1} \tag{3-2}$$

设可调节流阀前后的压力差为 Δp，则

$$\Delta p = p_B - p_1 = p_B - \frac{F}{A_1}$$

设节流阀的开口面积为 A_0，由式（3-1）可得，流经可调节流阀流入液压缸左腔的流量：

$$Q_1 = KA_0(\Delta p)^n = KA_0\sqrt{\Delta p} \quad （取\ n=0.5）$$

所以活塞的运动速度

$$v = \frac{Q_1}{A_1} = \frac{KA_0}{A_1}\sqrt{\Delta p} = \frac{KA_0}{A_1}\sqrt{p_B - \frac{F}{A_1}} \tag{3-3}$$

进油节流调速回路的特点如下。

① 结构简单，使用方便。调节节流阀开口面积 A_0 即可方便地调节活塞运动的速度。

② 可以获得较大的推力和较低的速度。

液压缸回油腔压力低（接近于零），当采用单活塞杆液压缸无杆腔进油进行工作进给时，因活塞有效作用面积较大可以获得较大的推力和较低的速度。

③ 速度稳定性差。

④ 由式（3-3）可知，液压泵工作压力经溢流阀调定后基本恒定，可调节流阀调定后开口面积 A_0 也不变，活塞有效作用面积 A_1 为常量，所以活塞运动速度 v 将随负载 F 的变化而波动。

⑤ 液压缸油前冲现象。由于回油路压力为零，当负载突然变小、为零或为负值（负载方向与运动方向相同时，活塞会产生突然前冲，因此运动平稳性差。为了提高运动的平稳性，通常在回油路中串联一个背压阀（换装大刚度弹簧的单向阀）或溢流阀。

⑥ 回路效率较低。因液压泵输出的流量和压力在系统工作时经调定后均不变，所以液压泵的输出功率为定值。当执行元件在轻载低速下工作时，液压泵输出功率中有很大部分消耗在溢流阀（流量损耗）和可调节流阀（压力损耗）上，系统效率很低。功率损耗会引起油液发热，使进入液压缸的油液温度升高，导致泄漏增加。

综上所述，进油节流调速回路一般应用于功率较小、负载变化不大的液压系统中。

（2）回油节流调速回路。把流量控制阀装在执行元件的回油路上的调速回路称为回油节流调速回路，如图 3-51 所示。

当活塞匀速运动时，活塞上的作用力平衡方程式为

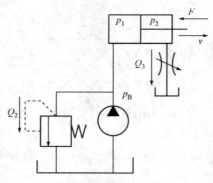

图 3-51 回油节流调速回路

$$p_1 A_1 = F + p_2 A_2$$

式中 p_1——由溢流阀调定液压泵的工作压力，即

$$p_1 = p_B$$

所以

$$p_2 = \frac{p_1 A_1 - F}{A_2} = \frac{p_B A_1}{A_2} - \frac{F}{A_2}$$

可调节流阀前后的压力差

$$\Delta p = p_2 = \frac{p_B A_1}{A_2} - \frac{F}{A_2}$$

所以活塞的运动速度

$$v = \frac{Q_3}{A_2} = \frac{KA_0}{A_2}\sqrt{\Delta p} = \frac{KA_0}{A_2}\sqrt{\frac{p_B A_1}{A_2} - \frac{F}{A_2}}$$

此式与进油节流调速回路的公式基本相同，因此两种回路具有相似的调速特点，但回油节流调速回路有两个明显的优点：一是可调节流阀装在回油路上，回油路上有较大的背压，因此在外界负载变化时可起缓冲作用，运动的平稳性比进油节流调速回路要好。二是回油节流调速回路中，经可调节流阀后压力损耗而发热，导致温度升高的油液直接流回油箱，容易散热。

回油节流调速回路广泛应用于功率不大、负载变化较大或运动平稳性要求较高的液压系统中。

进油节流调速回路和回油节流调速回路的速度稳定性都较差，为了减小和避免运动速度随负载变化而波动，在回路中可用调速阀替代可调节流阀。

（3）旁油节流调速回路。节流阀接在与执行元件并联的旁油路上，构成旁路调速回路，如图 3-52 所示。通过调节节流阀的开口面积，来控制流回油箱的流量，即可实现调速，由于溢流阀已由节流阀承担，故溢流阀实为安全阀，常态时关闭，过载时打开，其调定压力为最大工作压力的 1.1~1.2 倍，故泵工作过程中压力随负载变化。

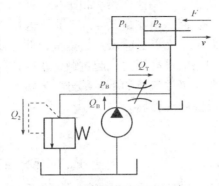

图 3-52 旁油节流调速回路

在旁路节流调速回路中，活塞受力平衡方程为
$$p_1 A_1 = F + p_2 A_2$$

其中，$p_2 = 0$，$p_1 = \dfrac{F}{A_1}$。

节流阀前后压差为
$$\Delta p = p_1 = \dfrac{F}{A_1}$$

流经节流阀的流量为
$$Q_\mathrm{T} = K A_0 \sqrt{\Delta p} = K A_0 \dfrac{F}{A_1}$$

$$v = \dfrac{Q_\mathrm{B} - Q_\mathrm{T}}{A_1} = \dfrac{Q_\mathrm{B} - K A_0 \dfrac{F}{A_1}}{A_1}$$

这种回路只有节流损失而无溢流损失，回路效率比较高，适用于重载高速的系统中。

2. 容积调速回路

容积调速回路通过改变变量泵或变量液压马达的排量来对液压缸（液压马达）进行无级调速。这种调速回路无节流损和溢流损失，回路效率高，发热少，适用于高压大流量的大型机床、矿山机械和工程机械等大功率设备的液压系统。

根据液压泵和执行元件的组合方式分为泵—缸式容积调速回路和泵—马达式容积调速回路两种。

（1）泵—缸式容积调速回路。如图 3-53 所示为泵—缸式容积调速回路的开式循环回路结构。它由变量泵、液压缸和起安全作用的溢流阀组成。通过改变液压泵的排量 V_P，可调节液压缸的运动速度 v。

（2）泵—马达式容积调速回路。

①变量泵—定量马达式容积调速回路。如图3-54所示为闭式循环的变量泵—定量马达式容积调速回路。回路由变量泵4、定量马达6、安全阀5、补油泵1、溢流阀2、单向阀3等组成。改变变量泵4的排量，即可以调节定量马达6的转速。安全阀5用来限定回路的最高压力，起过载保护作用。补油泵1用以补充由泄漏等因素造成的变量泵4吸油流量的不足部分。溢流阀2调定补油泵1的输出压力，并将其多余的流量溢回油箱。

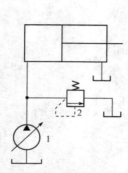

图3-53 泵—缸式容积调速回路
1—变量泵；2—安全阀图

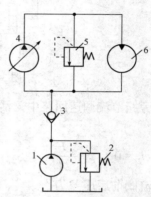

图3-54 变量泵—定量马达容积调速回路
1—补油泵；2—溢流阀；3—单向阀；
4—变量泵；5—安全阀；6—定量马达

②定量泵—变量马达式容积调速回路。如图3-55所示为定量泵和变量马达构成的容积调速回路，是通过调节液压马达的排量，达到改变液压马达输出转速的目的。在负载转矩一定的条件下，该回路具有输出功率恒定的特性。

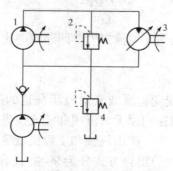

图3-55 定量泵和变量马达的容积调速回路

3.4.3 参考方案

分析以上流量控制阀的结构原理和各种调速回路后，根据喷漆室的工作要求,其速度控制所需的工作压力为 2.5MPa 以下,所以选择齿轮泵作为动力元件;执行元件需要的是高速、小转矩、速度平稳性要求不高、噪声限制不大,所以选择高速小转矩齿轮马达;整个系统需要压力稳定的液压油并防止系统过载,选择溢流阀调节压力;喷漆室速度需要控制,选择调速阀进行速度调节,选择三位四通换向阀进行方向控制。将所选择元件组成定量泵和定量马达的调速回路。通过改变调速阀的开口面积,可以改变液压马达的转速,达到调节传动带速度的目的。喷漆室速度控制液压参考回路如图 3-56 所示。

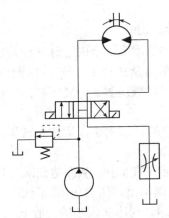

图 3-56 喷漆室速度控制液压回路

3.5 钻床液压传动系统的构建

3.5.1 任务引入

1. 任务说明

如图 3-57 所示为液压钻床示意图。对不同材料的工件进行钻孔加工。工件的夹紧和钻头的升降由两个双作用液压缸驱动,这两个液压缸都由一个液压泵来供油。

由于工件材料不同,加工所需要的夹紧力也不同,所以工作时夹紧缸的夹紧力必须能调节并稳定在不同的压力值,同时为了保证安全,进给缸必须在夹紧缸夹紧力达到规定值时才能推动钻头进给,构建其液压控制回路。

2. 任务分析

本项目夹紧缸的工作压力应根据工件的不同进行调节,而且为了避免夹紧力太大导致工件夹坏,要求夹紧缸的工作压力要低于进给缸的工作压力,这就需要对夹

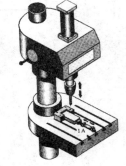

图 3-57 液压钻床

紧支路进行减压。此外，系统还要求夹紧力达到规定值时进给缸才能开始动作，即需要检测夹紧缸的压力，把夹紧缸的压力作为控制进给缸动作的信号，要实现这些要求，需要采用减压回路和顺序动作回路来完成。

3.5.2 理论指导

一、减压阀

减压阀可降低系统中某一支路的压力，并保持压力稳定，使同一系统得到多个不同压力的回路。

1. 减压阀的工作原理和作用

如图 3-58 所示减压阀的工作原理图中，分支油路所需压力低于主系统的工作压力，分支油路中高压油液 p_1 从进口 P_1 经过减压阀口 x 减压后，低压油液 p_2 从出油口 P_2 输出，通往执行元件液压缸，为液压缸提供稳定的低于主系统压力的压力油。

减压阀通过改变减压口的开口大小，来达到减压的目的，开口大小 x 越小，减压效果越明显，反之亦然。

减压阀是如何改变减压口的大小，从而达到减压目的？

如图 3-58 所示，减压阀的出口压力 p_2 除了输往液压缸外，还流到主阀芯的下腔 d，同时还流经阻尼孔 4，到达主阀芯的上腔 b，使先导阀芯受到往左的液压力。调节调压弹簧 3，先导锥阀受到往右的弹簧力与往左的液压力相平衡。

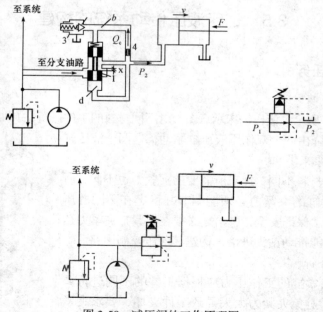

图 3-58 减压阀的工作原理图

当出口压力比较低，不足以克服先导阀弹簧的弹簧力时，先导阀口关闭，b 腔的油液不流动，没有油流过阻尼孔 4，阻尼孔 4 两端没有压力差，主阀芯的上下腔压力相等，主阀弹簧把主阀芯压到最底端，减压阀口 x 开到最大，不起减压作用。

当系统的压力升高，超过先导调压弹簧的调定压力时就能够克服先导调压弹簧的弹簧力，打开先导锥阀，油液经过先导锥阀流回油箱，由于阻尼孔的作用，主阀芯上腔压力低于下腔压力，当上下腔压力差大于主阀芯重力、摩擦力、主阀弹簧的弹簧力之和时，主阀芯向上移动，使减压口 x 减小，阻力加剧，出口压力 p_2 随之下降，直到作用在主阀芯上诸力相平衡，主阀芯便处于新的平衡位置，减压口 x 保持一定的开启量，保证出口压力基本保持恒定，从而控制出口低压油 p_2 基本保持恒定压力，该恒定压力等于先导弹簧的调定压力。

由以上分析可知，减压阀的作用是减压，并稳定出口压力。

减压阀根据结构和工作原理不同，分为直动型减压阀和先导型减压阀两类，一般用先导型减压阀。

2. 先导型减压阀的结构原理

如图 3-59 所示为先导型减压阀的结构。与先导型溢流阀相似，也是由先导阀和主阀两部分组成。调节先导弹簧的预压缩量，得到调定压力。工作时液压系统主油路的高压油液从进油口 P_1 进入减压阀，经减压口 e 减压后，低压油液从出油口 P_2 输出。同时低压油液 p_2 经主阀芯下端通油槽 a、主阀芯的阻尼孔 b，进入主阀芯上端油腔 c，且经通道 d 进入先导阀锥阀 2 左端油腔，给锥阀一个向右的液压力。该液压力与调压弹簧的弹簧力相平衡。

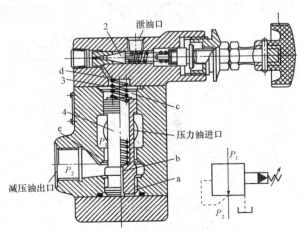

图 3-59 先导型减压阀的结构和职能符号

1—调节手轮；2—先导阀芯；3—主阀弹簧；4—主阀芯

当减压阀口出口压力 p_2 小于调定压力时，先导阀芯 2 在弹簧力的作用下关闭，阻尼孔 b 无油液流过，主阀芯 4 上下腔的压力相等。主阀芯在弹簧的作用下，处于最下端位置。此时，主阀芯 4 进出油口之间的通道间隙 e 最大，主阀芯全开，不起减压作用，减压阀进出口压力相等。当阀的出口压力达到调定值时，先导阀 2 打开，主阀芯上腔的油液经泄油口 L 流回油箱，这部分油液流动以后阻尼孔产生压差，主阀芯上下腔压力不等，下腔压力大于上腔压力，其差值克服主阀弹簧 3 的作用使阀芯上抬，此时减压口间隙 e 减小，减压作用增强，使出口压力 p_2 低于进口压力 p_1，直到作用在主阀芯上诸力相平衡，主阀芯便处于新的平衡位置，减压口 e 保持一定的开启量，从而控制出口低压油 p_2 基本保持恒定压力，该恒定压力等于先导弹簧的调定压力。

先导式溢流阀和先导减压阀的主要区别是：减压阀的出油口接往执行元件，而溢流阀出油口一般接油箱；减压阀是出口压力控制阀芯移动，而溢流阀是进油压力控制阀芯移动。由于减压阀的进、出口油液均有压力，所以先导阀的泄油不能像溢流阀一样在内部流入回油口，而必须设有单独的泄油口。在正常情况下，减压阀阀口开得很大（常开），而溢流阀阀口则关闭（常闭）。

3. 减压阀的应用

如图 3-60 所示为减压阀用于夹紧油路的原理图。液压泵输出的压力油由溢流阀 1 调定以满足主油路系统的工作要求。分支油路的压力经减压阀 2 减压后，再流经单向阀 5 供给夹紧液压缸 7 夹紧工件。这是二级减压回路，当换向阀 4 的电磁铁断电时，夹紧工件所需夹紧力的大小，由减压阀 2 来调节；当换向阀 4 的电磁铁通电时，夹紧工件所需夹紧力的大小，则由溢流阀 3 来调定。当工件夹紧后，液压泵向主油路系统供油。单向阀的作用是当泵向主油路系统供油时，使夹紧缸的夹紧力不受液压系统中压力波动的影响，起保压作用，防止工件松脱。

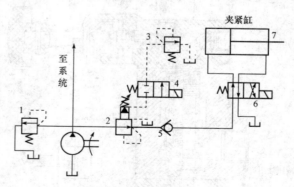

图 3-60 夹紧油路

减压阀还用于将同一油源的液压系统构成不同压力的油路，如控制油路、润滑油路等。为使减压油路正常工作，减压阀最低调定压力应大于 0.5MPa，最高调定压力至少应比主油路系统的供油压力低 0.5MPa。

二、顺序阀

顺序阀是以压力作为控制信号，自动接通或切断某一油路的压力阀。由于它经常被用来控制执行元件动作的先后顺序，故称顺序阀。顺序阀实际上是个压力控制的油路开关。

如图 3-61 所示为直动型顺序阀，其结构和工作原理都和直动型溢流阀相似。调节弹簧的预压缩量，得到调定压力。工作时压力油从进油口 P_1 进入阀体，经阀体及阀盖中间小孔流入主阀芯底部油腔，对阀芯产生一个向上的液压作用力。当进口油液的压力低于调定压力时，作用在主阀芯上液压力小于弹簧力，在弹簧力作用下，阀芯处于最下端位置，P_1 和 P_2 两油口被隔开，油路关闭。当油液的压力升高到大于等于调定压力时，作用于阀芯底端的液压力大于调定的弹簧力，在液压力的作用下，阀芯上移，使进油口 P_1 和出油口 P_2 相通，压力油液从 P_2 口流出，通往执行元件，打开以后若系统的压力增大，则其进口和出口压力也会随之增大，即顺序阀并不起稳压作用，而只是作为压力控制的油路开关。

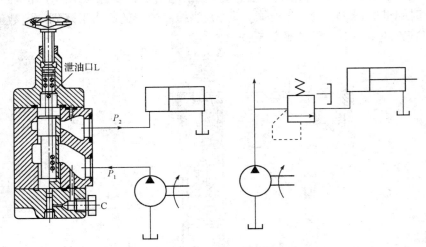

图 3-61 直动型顺序阀的结构原理图

与溢流阀不同之处在于，顺序阀的出油口 P_2 不接油箱，而通向某一压力回路，因而其泄油口必须单独接回油箱，这种卸荷方式称为外泄；如泄油口经内部通道并入出油口接回油箱，称内泄。如图 3-61 所示的顺序阀控制压力油直接引自进油口，这种控制方式称为内控；若打开外控口 C 的螺塞，控制压力油另外从外部引入，称外控。外控顺序阀的开启与否，与阀的进口压力大小没有关系，仅仅取决于控制压力大小。

顺序阀的结构分为直动式和先导式。根据控制压力来源的不同，分内控式和外控式，按弹簧腔泄油引出方式不同分内泄和外泄。常见顺序阀的形式及职能符号如表 3-6 所列。

表 3-6 顺序阀的形式及职能符号

类型	内控外泄	外控外泄	内控内泄	外控内泄
职能符号				

三、压力继电器

压力继电器是用来将液压信号转换为电信号的辅助元器件。其作用是根据液压系统的压力变化自动接通或断开有关电路,以实现程序控制和安全保护作用。压力继电器实际上是个压力控制的电气开关。

按结构特点可分为柱塞式、膜片式、弹簧管式和波纹管式等四种结构形式。如图 3-62 所示为柱塞式压力继电器的原理图。控制油口 P 与液压系统相通,压力油作用在柱塞下端,液压力直接与弹簧力相平衡。当油液压力大于或等于调定值时,柱塞向上移动,压下微动开关触头,发出电信号,使电气元件(如电磁铁、电机、时间继电器、电磁离合器等)动作。当控制油口的压力下降到一定数值时,弹簧将柱塞压下,微动开关触头复位。

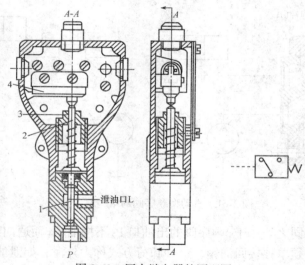

图 3-62 压力继电器的原理图
1—柱塞;2—顶杆;3—调节螺栓;4—微动开关

旋转调节螺栓 3,改变弹簧的预压缩量,可以调节继电器的动作压力。压力继电器常用于机床中控制泵的启闭、卸荷、安全保护、控制执行元件的顺序动作等。

压力继电器必须安装在压力油有明显变化的地方才能输出电信号,而不是放在回油路上。如图 3-63 所示为压力继电器用于控制两液压缸的顺序动作,动作顺序为 A 缸先伸出完成后,系统压力升高,当压力达到压力继电器的控制压力后,压力继电器发出电信号，使二位二通电磁换向阀的电磁铁通电，使活塞 B 伸出，从而实现两缸的顺序动作。

四、减压回路

若系统中某个执行元件或某个支路所需要的工作压力低于溢流阀所调定的主系统压力（如控制系统、润滑系统等）。这时就要采用减压回路。减压回路主要由减压阀组成。如图 3-64 所示为采用减压阀组成的减压回路。减压阀出口的油液压力可以在 5×10^5Pa 以上到比溢流阀所调定的压力小 5×10^5Pa 的范围内调节。

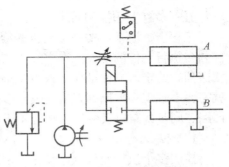

图 3-63 压力继电器的应用

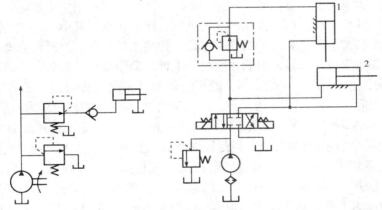

图 3-64 采用减压阀的减压回路　　图 3-65 采用单向减压阀的减压回路

如图 3-65 所示为采用单向减压阀组成的减压回路。液压泵输出的压力油，以溢流阀调定的压力进入液压缸 2，以减压阀减压后的压力进入液压缸 1。活塞返程时，油液可经单向阀直接回油箱。如图 3-66 所示为二级减压回路。

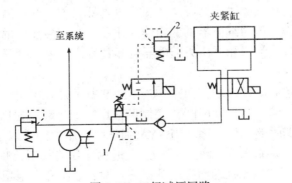

图 3-66 二级减压回路

五、多缸工作控制回路

工程上，通常需要一个液压源给多个执行元件供油，通过压力、流量、行程控制多执行元件的动作。在多缸工作的液压系统中，通常要求各执行元件严格地按照预先给定的顺序动作，或者要求多缸同步运动以及多缸运动互不干涉等。这就需要多缸工作控制回路来完成。多缸工作控制回路通常有三种类型：顺序动作回路、同步回路以及多缸工作互不干扰回路。

1. 顺序动作回路

控制多个执行元件顺序动作的回路称为顺序动作回路。常用于自动车床中刀架的纵横向运动，夹紧机构的定位和夹紧等控制回路中。

（1）用压力控制的顺序动作回路。压力控制就是利用油路本身的压力变化来控制液压缸的先后动作顺序，它主要利用压力继电器和顺序阀来控制顺序动作。

①用压力继电器控制的顺序回路。如图3-67所示是利用压力继电器实现顺序动作的顺序动作回路。用于控制机床的夹紧、进给运动，其中A缸用于夹紧，B缸用于进给切削加工。要求的动作顺序是：先将工件夹紧，然后动力滑台进行切削加工，加工完成、刀具退回后才能松开工件。动作循环开始时，按启动按钮，使1YA得电，换向阀1左位工作，液压缸A的活塞向右移动，实现动作顺序a；到行程端点后，缸A左腔压力上升，达到压力继电器J1的调定压力时发出信号，使电磁铁1YA断电，3YA得电，换向阀2左位工作，压力油进入缸B的左腔，其活塞右移，实现动作顺序b；到行程端点后，缸B左腔压力上升，达到压力继电器J2的调定压力时发出信号，使电磁铁3YA断电，4YA得电，换向阀2右位工作，压力油进入缸B的右腔，其活塞左移，实现动作顺序c；到行程端点后，缸B右腔压力上升，达到压力继电器J3的调定压力时发出信号，使电磁铁4YA断电，2YA得电，换向阀1右位工作，缸A的活塞向左退回，实现动作顺序d。到行程端点后，缸A右端压力上升，达到压力继电器J4的调定压力时发出信号，使电磁铁2YA断电，1YA得电，换向阀1左位工作，压力油进入缸A左腔，自动重复上述动作循环，直到按下停止按钮为止。

在这种顺序动作回路中，为了防止压力继电器在前一行程液压缸到达行程端点以前发生误动作，压力继电器的调定值应比前一行程液压缸的最大工作压力高0.3~0.5MPa，同时，为了能使压力继电器可靠地发出信号，其压力调定值又应比溢流阀的调定压力低0.3~0.5MPa。

②用顺序阀控制的顺序动作回路。如图3-68所示是采用两个单向顺序阀的压力控制顺序动作回路。其中顺序阀4控制两液压缸前进时的先后顺序，顺序阀3控制两液压缸后退时的先后顺序。当1YA通电时，压力油进入A缸的左腔，推动A缸活塞伸出，右腔经单向阀5回油，此时由于压力较低，顺序阀4关闭，B缸的活塞暂时不动。当A缸的活塞运动至终点时，油压升高至顺序阀4的调定压

力时,顺序阀开启,压力油进入 B 缸的左腔,推动 B 缸活塞伸出,右腔直接回油。当 B 缸伸出达到终点后,电磁铁 1YA 断电复位,2YA 通电,此时压力油进入 B 缸右腔,B 缸活塞缩回,左腔经阀单向阀 6 回油,到达终点后,油压升高打开顺序阀 3 进入 A 缸右腔,A 缸活塞缩回。

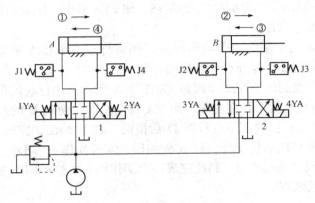

图 3-67 压力继电器控制的顺序回路

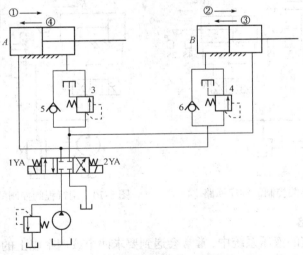

图 3-68 顺序阀控制的顺序回路

这种顺序动作回路的可靠性在很大程度上取决于顺序阀的性能及其压力调整值。顺序阀的调整压力应比先动作的液压缸的工作压力高 $8\times10^5\sim10\times10^5$ Pa,以免在系统压力波动时,发生误动作。

（2）用行程控制的顺序动作回路。行程控制顺序动作回路是利用工作部件到达一定位置时,发出信号来控制液压缸的先后动作顺序,它可以利用行程开关、行程阀来实现。

①用行程开关控制的顺序动作回路。如图 3-69 所示是利用行程开关和电磁换

向阀配合的顺序动作回路。操作时首先按下启动按钮，使电磁铁 1YA 得电，压力油进入 A 缸的左腔，使其活塞伸出实现动作 a；当活塞杆上的挡块压下行程开关 1S 后，通过电气上的连锁使 2YA 得电，压力油进入 B 缸的左腔，使其活塞伸出实现动作 b；当活塞杆上的挡块压下行程开关 2S，使 1YA 断电，A 缸缩回，实现动作 c；其后，当活塞杆上的挡块触动 3S，使 2YA 断电，B 缸缩回完成动作 d，至此完成一个工作循环。

采用行程开关控制的顺序动作回路，调整行程大小和改变动作顺序均很方便，且可利用电气互锁保证动作顺序的可靠性。

②用行程阀控制的顺序动作回路。如图 3-70 所示为用行程阀控制的顺序动作回路。A、B 两缸的活塞均在左端，当 YA 得电换向，使阀 C 的左位工作，缸 A 伸出，完成动作 a；挡块压下行程阀 D 后换向，缸 B 伸出，完成动作 b；当 YA 失电换向，使阀 C 的右位工作，缸 A 先缩回，实现动作 c；随着挡块后移，阀 D 复位，缸 B 退回实现动作 d，到此完成一个工作循环。这种回路工作可靠，但改变动作顺序比较困难。

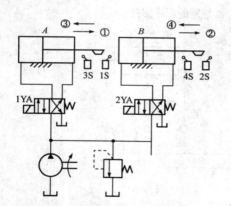
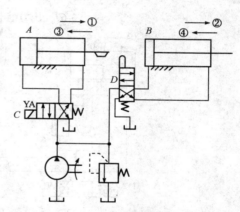

图 3-69 行程开关控制的顺序回路　　图 3-70 用行程阀控制的顺序回路

2. 同步回路

在多缸工作的液压系统中，常常会遇到要求两个或两个以上的执行元件同时动作的情况，并要求它们在运动过程中克服负载、摩擦阻力、泄漏、制造精度和结构变形上的差异，维持相同的速度或相同的位移——即做同步运动。同步运动包括速度同步和位置同步两类。速度同步是指各执行元件的运动速度相同；而位置同步是指各执行元件在运动中或停止时都保持相同的位移量。使两个或两个以上的液压缸在运动中保持相同位移或相同速度的回路称为同步回路。以下为几种同步回路。

（1）液压缸机械联结的同步回路。如图 3-71 所示为液压缸机械联结的同步回路。将两个液压缸的活塞杆刚性联结而实现位移的同步，这种同步方法比较简单经济，能基本上保证位置同步的要求，但由于机械零件在制造、安装上的误差，同步精度不高。同时，两个液压缸的负载差异不宜过大，否则会造成卡死现象。因此，这种回路宜用于两液压缸负载差别不大的场合。

（2）串联液压缸的同步回路。如图 3-72 所示是串联液压缸的同步回路。图中第一个液压缸回油腔排出的油液，被送入第二个液压缸的进油腔。如果串联油腔活塞的有效面积相等，便可实现同步运动。这种回路两缸能承受不同的负载，应注意的是这种回路中泵的供油压力至少是两个液压缸工作压力之和。由于泄漏和制造误差，影响了串联液压缸的同步精度，当活塞往复多次后，会产生严重的失调现象，为此要采取补偿措施。

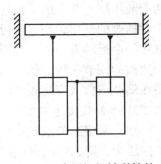

图 3-71　液压缸机械联结的同步回路

如图 3-73 所示为带有补偿装置串联液压缸同步回路。为了达到同步运动，缸 1 有杆腔的有效面积应与缸 2 无杆腔的有效面积相等。在活塞下行的过程中，如果液压缸 1 的活塞先运动到终点，则挡块触动行程开关 2XK，使电磁铁 3YA 通电，此时压力油便经过二位三通电磁阀 4、液控单向阀，向液压缸 2 的无杆腔补油，使缸 2 的活塞继续运动到终点。如果液压缸 2 的活塞先运动到底，则挡块触动行程开关 1XK 使电磁铁 4YA 通电，此时压力油便经二位三通电磁阀 3 进入液控单向阀的控制油口，液控单向阀反向导通，使缸 1 能通过液控单向阀 5 和二位三通电磁阀 4 回油，使缸 1 的活塞继续运动到达终点，对运动失调现象进行补偿。这种回路允许较大偏载，偏载所造成的压差不影响流量的改变，只会导致微小的压缩和泄漏，因此同步精度较高，回路效率也较高。

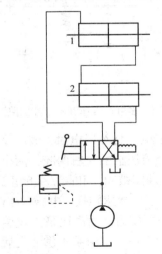

图 3-72　串联液压缸的同步回路

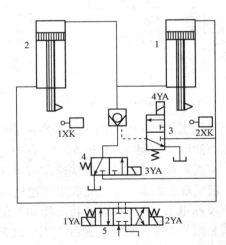

图 3-73　带有补偿装置串联液压缸的同步回路

（3）用调速阀控制的同步回路。如图 3-74 所示是采用调速阀的单向同步回路。

两个液压缸是并联的,在它们的进(回)油路上,分别串接一个调速阀,调节两个调速阀的开口大小,便可控制或调节进入两个液压缸流出的流量,使两个液压缸在一个运动方向上实现同步,即单向同步。这种同步回路结构简单,但是两个调速阀的调节比较麻烦,而且还受油温、泄漏等的影响,故同步精度不高,不宜用在偏载或负载变化频繁的场合。

3. 多缸快慢速互不干涉回路

在一泵多缸的液压系统中,往往由于其中一个液压缸快速运动时,会造成系统的压力下降,影响其他液压缸工作进给的稳定性。因此,在工作进给要求比较稳定的多缸液压系统中,必须采用快慢速互不干涉回路。

如图 3-75 所示的回路中,各液压缸分别要完成快进、工进和快退的自动循环。回路采用双泵的供油系统,泵 1 为高压小流量泵,供给各缸工作进给时所需要的高压油;泵 2 为低压大流量泵,为各缸快进或快退时输送低压油,它们的压力分别由溢流阀 1 和 2 调定。

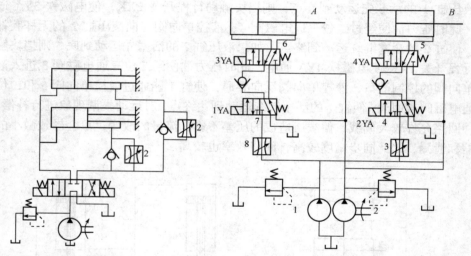

图 3-74　采用调速阀的单向同步回路　　图 3-75　多缸快慢速互不干涉回路

当开始工作时,电磁阀 1YA、2YA 断电,且 3YA、4YA 通电时,液压泵 2 输出的压力油经换向阀 4、5 和 5、7,同时进入两个液压缸的左右两腔,两个液压缸同时实现差动连接,使活塞快速向右运动。高压油路被阀 4 和阀 7 关闭。这时,若某一液压缸(如缸 A)先完成了快速运动,实现了快慢速转换(电磁铁 1YA 通电,3YA 断电),阀 7 和阀 6 将低压油关闭,所需要压力油由高压泵 1 供给,由调速阀 8 调节流量获得工进速度。当两缸都转换为工进,都由泵 1 供油之后,如某个缸(如缸 A)先完成了工进运动,实现了换接(1YA 和 3YA 都通电),换向阀 6 将高压油关闭,大流量泵 2 输出的低压油经阀 6 进入缸 A 的右腔,左腔的回油经阀 6 和阀 7 流回油箱，活塞快速退回。这时缸 B 仍然由泵 1 供油继续运动，速度由调速阀 3 调节，不受缸 A 运动的影响，当所有电磁铁都断电时，两缸才都停止运动，这种回路可以用在具有多个工作部件各自分别运动的机床液压系统中。

3.5.3 参考方案

根据任务中提出的要求，可以利用减压阀来控制夹紧缸的夹紧力，用顺序阀来控制夹紧缸和进给缸的动作顺序，在顺序阀旁并联一个单向阀是为了减少液压缸活塞返回时的排油阻力，实现快速返回，如图 3-76 所示的回路为参考方案。

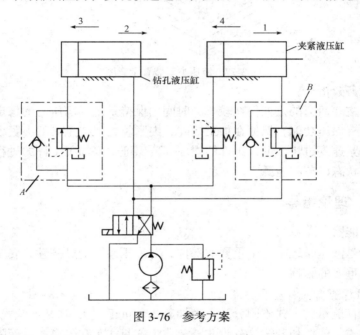

图 3-76 参考方案

本项目的液压回路在设计时首先考虑该夹紧装置对工件夹紧的时间较短，所以不设置专门的保压措施。但夹紧装置应可得相应足够的压力，由于工件材料的不同，其所需的夹紧力也不同，所以在回路中设置了一个减压阀来调节夹紧压力。试思考：如采用溢流阀来调节夹紧压力，是否可行？

3.6 夹紧装置液压传动系统的构建

3.6.1 任务引入

一、任务说明

如图 3-77 所示为夹紧装置工作示意图。通过一个液压缸对工件进行夹紧。为保证在加工时工件不会发生移动，要求在加工期间，夹紧装置应保持足够的夹紧力。同时为避免液压泵频繁开关，泵应始终处于运转状态，为了节约能源，暂停加工期间（如测量工件或拆卸工件等），液压泵应处于卸压运行状态，构建该夹紧装置的液压控制回路。

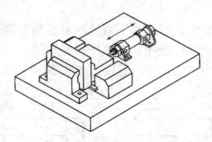

图 3-77　液压夹紧装置示意图

二、任务分析

本项目主要研究的是如何在较长的时间内保持系统局部压力的稳定，因此回路设计要具有保压功能，保证在加工期间，夹紧装置保持足够的夹紧力。同时应该避免因夹紧速度过快，造成工件的损坏。要保证暂停加工工件的过程中泵处于无功率运转状态以节约能源。

3.6.2　理论指导

一、蓄能器

蓄能器是液压系统中一个重要的部件，对液压系统的经济性、安全性和可靠性都有极其重要的影响。

1. 常用蓄能器的种类和特点

按其储存能量的方式不同分为重力加载式（重锤式）、弹簧加载式（弹簧式）和气体加载式。气体加载式又分为非隔离式（气瓶式）和隔离式，而隔离式包括活塞式、气囊式和隔膜式等。它们的结构简图和特点如表 3-7 所列。

2. 蓄能器的用途

蓄能器的功用主要是储存油液多余的压力能，并在需要时释放出来。在液压系统中蓄能器常用在以下方面。

（1）作辅助动力源，用于存储能量和短期大量供油。若液压系统的执行元件在一个工作循环内运动速度相差较大，在系统不需大量油液时，可以把液压泵输出的多余压力油储存在蓄能器内，短时间需要时再由蓄能器快速释放给系统。可在液压系统中设置蓄能器，这样选择液压泵时可选用流量等于循环周期内平均流量的液压泵，以减小电动机功率消耗，降低系统温升。如图 3-78 所示，液压缸停止运动后，系统压力上升，压力油进入蓄能器存储能量。当换向阀切换，使液压缸快速运动时，系统压力降低，此时，蓄能器中的压力油排放出来与液压泵同时向系统供油。

表 3-7 常用蓄能器的种类和特点

种类	结构	特点
重锤式	1—重物；2—柱塞；3—油液；a—输入孔；b—输出孔	1. 利用重物的位置变化来存储和释放能量； 2. 结构简单、压力稳定，但容量小、体积大、反应不灵敏，容易泄流； 3. 目前只适用于少数大型固定设备的液压系统
弹簧式	1—弹簧；2—活塞；3—液压油	1. 利用弹簧的伸缩来存储和释放能量； 2. 结构简单，反应灵敏，但容量小、承压较低； 3. 液压油的压力取决于弹簧的预紧力和活塞的面积，由于弹簧伸缩时弹簧力发生变化，油压也发生变化，为了减少这种变化，弹簧的刚度不可太大，限制了蓄能器的工作压力，用于低压小流量的系统
气囊式	1—充气阀；2—气囊；3—壳体；4—限位阀	1. 利用气体的压缩和膨胀来存储、释放压力能（气体和油液由蓄能器中的气囊隔开）； 2. 容量大，惯性小，反应灵敏、轮廓尺寸小，但气囊与壳体制造困难
活塞式		1. 利用气体的压缩和膨胀来存储、释放压力能（气体在蓄能器中由活塞隔开）； 2. 结构简单，工作可靠，容易安装，维护方便，但活塞惯性大，活塞和缸壁之间有摩擦，反应不够灵敏，密封要求高； 3. 用于存储能量或供中高压系统吸收压力脉动用

（2）维持系统压力。在液压泵停止向系统提供油液的情况下，蓄能器能把储存的压力油供给系统，补偿系统泄漏或充当应急能源，使系统在一段时间内维持系统压力。如图3-79所示，夹紧工件后，液压泵压力达到系统最高工作压力时，液压泵卸荷，此时液压缸依靠蓄能器来保持压力并补偿泄漏，保持恒压，以保证工件的可靠夹紧，从而减少功率损耗。

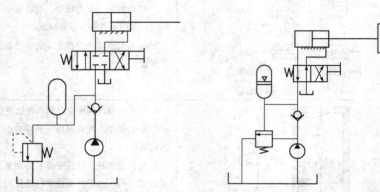

图3-78　蓄能器用于存储能量　　　　图3-79　蓄能器用于系统保压和补偿泄露

（3）作应急油源。液压设备在工作时遇到特殊情况，如泵故障或者停电等，执行元件应能继续完成必要的动作以紧急避险、保证安全。因此要求在液压系统中设置适当容量的蓄能器作为紧急动力源，避免油源突然中断所造成的机件损坏，如图3-80所示为蓄能器作为应急油源的回路。

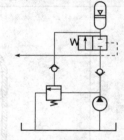

图3-80　蓄能器用作应急油源

（4）缓和液压冲击。如图3-81所示，由于液压缸停止运动、换向阀的突然换向或关闭、液压泵的突然停转、执行元件运动的突然停止等原因，液压系统管路内的液体流动会发生急剧变化，产生液压冲击。因这类液压冲击大多发生于瞬间，液压系统中的安全阀来不及开启，因此常常造成液压系统中的仪表、密封损坏或管道破裂。若在冲击源的前端管路安装蓄能器，则可以缓和这种液压冲击。

（5）吸收脉动，降低噪声。如图3-82所示，液压泵的流量脉动会使执行元件速度不均匀，引起系统压力脉动导致振动和噪声。因此，通常在液压泵的出口处安装蓄能器吸收脉动、降低噪声，减少因振动损坏仪表和管接头等元件。

3. 蓄能器的使用和安装

蓄能器在液压回路中的安放位置除了考虑检修之外，还随其功用而不同：吸收液压冲击或压力脉动时宜放在冲击源或脉动源旁；补油保压时宜放在尽可能接近有关的执行元件处。

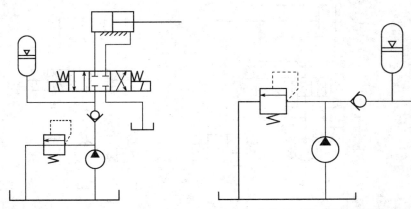

图 3-81　蓄能器用于缓和液压冲击　　　　图 3-82　蓄能器用于吸收脉动降低噪声

蓄能器使用时还须注意以下几点。

（1）气体加载式蓄能器中应使用惰性气体（一般为氮气），允许工作压力由结构形式而定，例如，皮囊式为 3.5~32MPa。

（2）不同的蓄能器各有其适用的工作范围，例如，皮囊式蓄能器的皮囊强度不高，不能承受很大的压力波动，且只能在-20℃~70℃的温度范围内工作。

（3）气体加载式蓄能器原则上应垂直安装（油口向下），只有在空间位置受限制时才允许倾斜或水平安装。

（4）蓄能器与液压泵之间应安装单向阀，防止液压泵停车时蓄能器内储存的压力油液倒流。

二、卸荷回路

当液压系统中的执行元件短时间停止工作且在不停止泵的驱动电机的情况下，应使泵卸荷、空载运转，避免电机频繁启动，减少功率损耗，降低系统发热，延长泵和电动机的寿命。

常见的卸荷回路有以下几种。

1. 用换向阀直接卸荷

如图 3-83（a）所示为用换向阀的卸荷回路。回路利用二位二通换向阀使泵直接卸荷，图 3-83（b）所示的卸荷回路采用 M（或 H 和 K）型中位机能对泵进行卸荷，三位换向阀处于中位时，泵即卸荷，这种回路切换时压力冲击小，但回路中必须设置单向阀，以使系统能保持 0.3MPa 左右的压力，供操纵控制油路之用。

2. 用先导型溢流阀的远程控制口卸荷

如图 3-84 所示为用先导型溢流阀的远程控制口实现的卸荷回路。回路中 3YA 若通电，使先导型溢流阀的远程控制口直接通过二位二通电磁阀直接与油箱相连，使泵卸荷，这种卸荷回路卸荷压力小，切换时冲击也小。

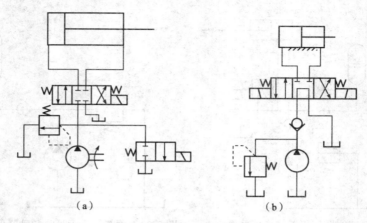

图 3-83　用换向阀直接卸荷

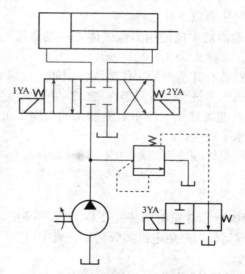

图 3-84　用先导型溢流阀的远程控制口的卸荷回路

三、保压回路

在液压系统中，常常要求液压执行机构在工作循环的某个阶段，为了维持系统压力稳定或防止局部压力波动影响其他部分，如在液压泵卸荷并要求局部系统仍要维持原来的压力时，就需采用保压回路来实现其功能。保压回路可以使用密封性能较好的液控单向阀的回路，但是阀类元件的泄漏使这种回路的保压时间不能维持太久。常用的保压回路有以下几种。

1. 利用蓄能器-压力继电器的保压回路

如图 3-85 所示为利用蓄能器-压力继电器实现的保压回路。回路中蓄能器用来给液压缸保压并补充泄露,当系统压力上升使压力继电器动作,二位二通换向阀的电磁铁 3YA 通电,泵卸荷。当因泄漏等原因使压力下降到某一值时,压力继电器又发出信号使二位二通阀的电磁铁失电,液压泵重新使系统升压。此回路适用于保压时间长,要求功率损失小的场合。

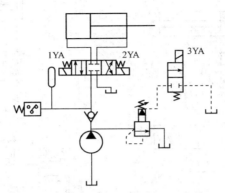

图 3-85 利用蓄能器-压力继电器的保压回路

2. 利用单向阀的保压回路

如图 3-86 所示为利用单向阀的保压回路,当系统压力较低时,低压大排量液压泵和高压小排量液压泵同时向系统供油。当系统压力升高到卸荷阀的调定压力时,低压液压泵卸荷,单向阀使高压液压泵保压,溢流阀用于调定系统压力。

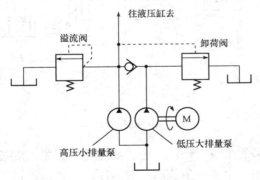

图 3-86 利用单向阀的保压回路

3.6.3 参考方案

本项目所要求设计的回路是要求工件夹紧时保持液压缸内压力恒定的回路,一般称为保压回路。如图 3-87 所示为本项目的参考方案,考虑采用三种不同的方法进行保压,一是利用中位截止的换向阀,如 M 型中位或 O 型中位的换向阀,利用其本身的截止功能封闭液压缸中油液,实现夹紧压力的保持;二是利用液控单向阀关闭时良好的密封性来实现保压;三是利用蓄能器来进行保压。在实验中将对这 3 种方案的保压效果进行比较。

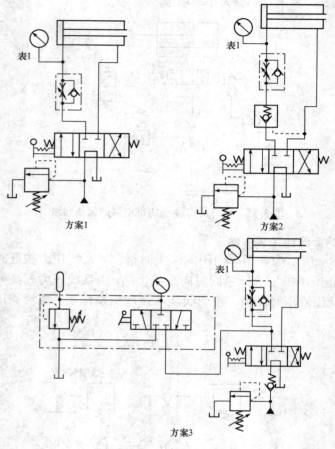

图 3-87　参考方案

另外对于夹紧装置来说,还应考虑到要避免因夹紧速度过快,造成工件的损坏。所以回路中采用一个单向节流阀,对液压缸的伸出进行节流控制,降低夹紧速度,减小夹具对工件的损伤。

换向阀处于中位进行保压时,泵应卸荷,低压回油。所以换向阀采用 M 型或 H 型这种 PT 导通的中位,使换向阀处于中位时,油泵与油箱直接连通,从而进行卸荷。

为方便实验现象的观察,回路中换向阀采用手动操控换向。

3.7 专用刨削设备液压传动系统的构建

3.7.1 任务引入

1. 任务说明

如图 3-88 所示为专用刨削设备刀架运动系统。刀架的往复运动由一个液压缸带动。在按下启动按钮后,液压缸两个工作腔构成差动连接,带动刀架快速靠近工件。当刀架运动到预定位置,开始切削加工,液压缸工作进给。当刀架运动到末端时,液压缸带动刀架高速返回。构建其液压控制回路。

2. 任务分析

该刀架的运动要求实现空载快进—工作进给(工进)—快速退回(快退)的自动速度换接的工作循环。目的是使不加工时,具有较高的运动速度,提高生产效率;加工时有稳定的速度保证加工质量。这就需要采用速度换接回路来实现。

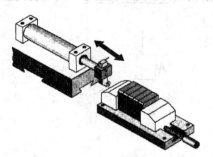

图 3-88 专用刨削设备示意图

3.7.2 理论指导

一、单活塞杆液压缸的控制

如图 3-89 所示为单活塞杆液压缸的连接。回路中,当电磁铁处于不同的通断电状态时,单出杆活塞缸有不同的连接方式,可以实现液压缸不同的运动。

1. 单活塞杆液压缸的一般连接

如图 3-90(a)所示为当图 3-89 所示回路中的 1YA 通电,2YA 断电时的油路连接情况,油液进入无杆腔,有杆腔回油,推动活塞以 v_1 的速度前进(伸出),其产生的液压力可以克服的负载为 F_1,如图 3-90(b)所示为当 1YA 断电,2YA 通电时,油路连接情况,油液进入有杆腔,无杆腔回油,推动活塞以 v_2 的速度后退(缩回),其产生的液压力可以克服的负载为 F_2。

由于液压缸两腔的有效工作面积不等,因此它在两个方向上的输出推力和速度也不等,若进入两腔的油压相等大小均为 p_1,回油压力 $p_2 \approx 0$。设泵的输出流

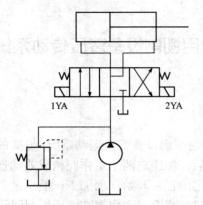

图 3-89 单活塞杆液压缸的连接

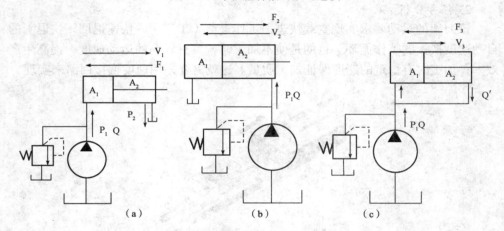

图 3-90 单活塞杆液压缸的连接

量为 Q，则活塞向右和向左产生的液压推力分别为：

$$F_1 = p_1 A_1, \quad F_2 = p_1 A_2$$

则活塞向右和向左的速度分别为

$$v_1 = \frac{Q}{A_1}, \quad v_2 = \frac{Q}{A_2}$$

由于 $A_1 > A_2$，故得 $F_1 > F_2$，$v_1 < v_2$，说明液压缸后退的速度比前进的速度快，而后退产生的推力比前进产生的推力小。

2. 单活塞杆液压缸的差动连接

如图 3-90（c）所示为 1YA 和 2YA 同时断电时（见图 3-89）油路的连接状况。此时，单杆活塞缸在其左右两腔都接通高压油，称为差动连接。

差动连接缸左右两腔的油液压力相同，但是由于左腔（无杆腔）的有效面积大于右腔（有杆腔）的有效面积，故活塞以 v_3 的速度前进（伸出），同时使右腔中排出的油液（流量为 Q'）也进入左腔，加大了流入左腔的流量（$Q+Q'$），从而也加快了活塞移动的速度。实际上活塞在运动时，由于差动连接时两腔间的管路中有压力损失，所以右腔中油液的压力稍大于左腔油液压力，而这个差值一般都较小，可以忽略不计，设其可产生的推力为 F_3，则差动连接时活塞推力 F_3 和运动速度 v_3 为

$$F_3 = p_1(A_1 - A_2) = p_1 \frac{\pi d^2}{4}$$

进入无杆腔的流量

$$v_3 = \frac{4Q}{\pi d^2}$$

比较：v_2(快退速度) > v_1(工进速度)

v_3(快进速度) > v_1(工进速度)

F_2(快退的推力) < F_1(工进的推力)

F_3(快进的推力) < F_1(工进的推力)

由以上分析可知，控制单活塞杆液压缸的三种不同的连接方式，可实现执行元件快进、工进、快退的动作循环。

二、速度换接回路

速度换接回路的功用是使液压执行机构在一个工作循环中从一种运动速度换到另一种运动速度，因而这个转换不仅包括快速转慢速的换接，而且也包括两个慢速之间的换接。实现这些功能的回路应该具有较高的速度接换平稳性。

1. 快速运动回路

为了提高生产效率，机床工作部件空行程时往往要求速度比较快。在不增加液压泵流量的情况下，提高执行元件的速度，可以采用快速运动回路。以下介绍几种机床上常用的快速运动回路。

（1）差动连接快速运动回路。这是在不增加液压泵输出流量的情况下，提高工作部件运动速度的一种快速回路，其实质是改变了液压缸的有效作用面积。

如图 3-91 所示是差动连接快速运动回路。用于快、慢速转换，其中快速运动采用差动连接的回路。当换向阀 1 的左端电磁铁通电，而换向阀 3 的电磁铁断电时，液压泵输出的压力油同缸右腔的油经 3 左位、也进入液压缸的左腔，实现了差动连接，使活塞快速向左运动。当快速运动结束，换向阀 3 电磁铁通电时，回油经换向阀 3 右位，经调速阀 2 流回油箱（非差动连接）。采用差动连接的快速回路方法简单，较经济，但快、慢速度的换接不够平稳。

（2）双泵供油的快速运动回路。如图 3-92 所示为双泵供油的快速运动回路。这种回路是利用低压大流量泵和高压小流量泵并联为系统供油。

当换向阀 6 的电磁铁断电时液压缸快速运动，此时液压泵 1 输出的油经单向阀 4 和液压泵 2 输出的油共同向系统供油，回油经换向阀 6 流回油箱。在工作进

给时,系统压力升高,打开外控顺序阀 3 使液压泵 1 卸荷,此时单向阀 4 关闭,由液压泵 2 单独向系统供油,回油经过节流阀 7 流回油箱。溢流阀 5 根据系统所需最大工作压力来调节液压泵 2 的供油压力,由于顺序阀 3 使液压泵 1 在快速运动时供油,在工作进给时卸荷,因此它的调整压力高于快速运动时系统所需的压力,同时应低于溢流阀 5 的调定压力。

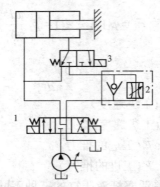

图 3-91 能实现差动连接的速度控制回路
1、3—换向阀;2—单向调速阀

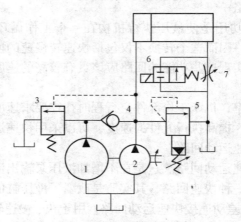

图 3-92 双泵供油回路

双泵供油回路功率利用合理、效率高,并且速度换接较平稳,在快、慢速度相差较大的机床中应用很广泛,缺点是要用一个双联泵,油路系统也稍复杂。

2. 速度换接回路

设备工作部件在自动循环工作过程中需要进行速度转换。例如机床的二次进给工作循环为快进→一工进→二工进→快退,就存在着速度换接的问题。速度换接过程要平稳,即不允许在速度变换的过程中有前冲(速度突然增加)现象。

(1)快进与工进的速度换接回路。

①单向行程节流阀快进与工进的速度换接回路。如图 3-93 所示为用单向行程节流阀的快速运动（简称快进）与工作进给运动（简称工进）的速度换接回路。图示位置液压缸右腔的回油可经行程阀 4 和换向阀 1 流回油箱，使活塞快速向右运动。当快速运动到达所需位置时，活塞上挡块压下行程阀 4，将其通路关闭，这时液压缸 5 右腔的回油就必须经过节流阀 3 流回油箱，活塞的运动转换为工进速度。当操纵换向阀 1 换向后，压力油可经换向阀 1 和单向阀 2 进入液压缸 5 右腔，使活塞快速向左退回。

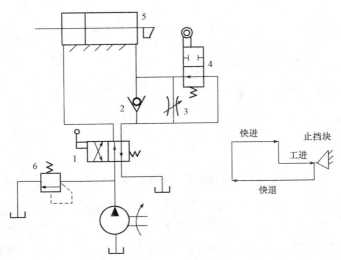

图 3-93　用单向行程节流阀的速度换接回路

1—换向阀；2—单向阀；3—节流阀；4—行程阀；5—液压缸；6—溢流阀

这种回路中，行程阀的阀口是逐渐开启和关闭的，所以速度换接比较平稳，换接时的位置精度高，冲出量小，比采用电器元件可靠。其缺点是行程阀必须安装在液压缸附近，所以有时管路连接很长且稍复杂，压力损失较大。若将行程阀改为电磁阀，通过压块压下电器行程开关来操纵，但其平稳性和换接精度都不如行程阀好。这种换接回路多用于大批量生产的专机液压系统中。

②用电磁换向阀的快慢速转换回路。如图 3-94 所示为利用二位二通换向阀和调速阀的快速转慢速的回路。当 1YA 通电时，2YA 和 3 同时断电时压力油经过三位四通电磁换向阀左位，流经二位二通换向阀进入液压缸的左腔，从而实现快进。当快进完成后系统压力升高，达到压力继电器的调定压力时，发出信号，控制 3YA 断电，油液只能通过调速阀进入液压缸，从而实现工作进给运动。

这种换接回路，速度换接快，行程调节比较灵活，电磁阀可以安全可靠地安装在泵站的阀板上，方便实现自动控制，应用广泛。缺点是运动平稳性较差。

（2）两种工作进给速度的换接回路。工程中有些设备，需要在自动工作循环中变换两种以上的工作进给速度,这时需要采用两种(或多种)工作进给速度的换接回路。

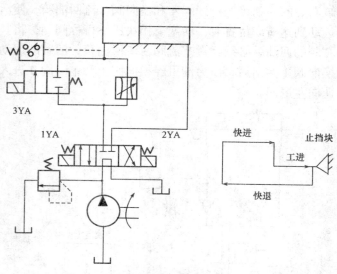

图 3-94　电磁换向阀的快慢速转换回路

①串联调速阀的速度控制回路。如图 3-95 所示为两个调速阀串联的速度换接回路。图中当 1YA 通电,3YA 和 2YA 同时断电时,液压泵输出的压力油经调速阀 A 和二位二通电磁阀进入液压缸,这时的流量由调速阀 A 控制。得到第一种工进速度,当需要第二种工作进给速度时,使 3YA 通电,其右位接入回路,则液压泵输出的压力油先经调速阀 A,再经调速阀 B 进入液压缸,这时的流量应由调速阀 B 控制。回路中调速阀 B 的开口应比调速阀 A 的开口小,否则调速阀 B 将不起作用。这种回路在工作时调速阀 A 一直工作,它限制着进入液压缸或调速阀 B 的流量,因此在速度换接时不会使液压缸产生前冲现象,换接平稳性较好。在调速阀 B 工作时,油液需经两个调速阀,故能量损失较大,常用于组合机床实现二次进给的油路中。

②并联调速阀的速度换接回路。如图 3-96 所示是两个调速阀并联以实现两种工作进给速度换接的回路。图中,当 1YA、2YA、3YA 和 4YA 同时断电时,液压泵输出的压力油经换向阀 2 进入液压缸的左腔,活塞快进。

当 1YA 和 3YA 通电,2YA 和 4YA 同时断电时,液压泵输出的压力油经调速阀 A 和电磁阀 3 进入液压缸,实现第一种工进速度。当需要第二种工作进给速度时,4YA 通电,其右位接入回路,液压泵输出的压力油经调速阀 B 和电磁阀 3 进入液压缸。这种回路中两个调速阀的节流口可以单独调节,互不影响,即第一种工进速度和第二种工进速度互不限制。但一个调速阀工作时,另一个调速阀中没有油液通过,它的减压口完全打开,在速度换接开始的瞬间不能起减压作用,容易出现部件突然前冲的现象。

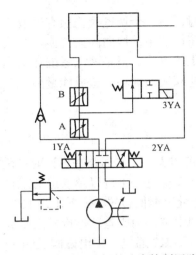

图 3-95　串联调速阀的速度控制回路

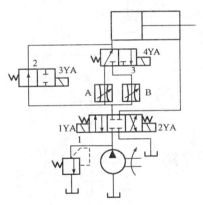

图 3-96　并联调速阀的速度控制回路（一）

如果将二位三通换向阀用二位五通换向阀代替，如图 3-97 所示，在这个回路

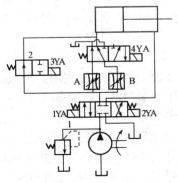

图 3-97　并联调速阀的速度控制回路（二）

中,当一个调速阀工作时,另一个调速阀仍然有油液流过,其减压阀口前后保持一定的压差,其内部减压口较小,换向阀换位使其接入油路时,不会出现工作部件突然前冲现象,因而工作可靠。但是液压系统在工作中总有一定量的油液通过不起调速作用的那个调速阀流回油箱,造成能量损失,使系统发热。

3.7.3 参考方案

1. 参考方案一

如图 3-98 所示为参考方案一。本回路在设计时,利用一个 P 型中位的三位四通换向阀来实现液压缸活塞快进、工进以及快退的三种工况。启动前,电磁阀线圈 1Y2 通电,液压缸活塞处于缩回位置。按下按钮 1S1,继电器 K1 线圈通电,1Y2 线圈断电,换向阀切换到中位,构成差动连接,液压缸空载快进。到达 1S2 所在的预定位置时,继电器线圈 K2 通电,使电磁阀线圈 1Y1 通电,换向阀切换到左位,液压缸工作进给,对工件进行切削。刀架运动到 1S3 所在行程末端,K2 线圈断电,1Y2 通电,液压缸活塞快速返回。

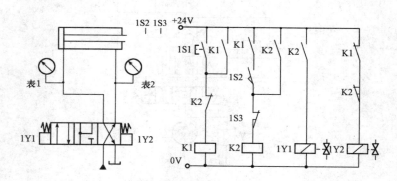

图 3-98 参考方案一(电气控制)

在这个回路中,工进速度不可调节,不能符合实际使用的需要。另外,液压缸活塞完全回缩后,只要不关停液压泵,它始终处于高压溢流状态,能耗很大。

2. 参考方案二

对于方案一中的后一个问题可以通过利用先导式溢流阀的卸荷作用来解决。同时用调速阀进行速度调节,参考液压回路如图 3-99 所示,电气控制回路不再画出,具体动作情况请自行分析。

回路的工作过程为:启动后 1YA,2YA 得电,液压缸构成差动连接,快速进给;到达加工位置,行程开关 1S1 发出信号,2YA 断电,液压缸通过调速阀回油节流调速缓慢伸出,工作进给;加工完毕,行程开关 1S2 发出信号,1YA 断电,液压缸快速退回。需要卸荷时使 3YA 通电。

3.7.4 知识拓展

1. 叠加阀

叠加式液压阀简称叠加阀，是集成式液压元件。阀体本身除容纳阀芯外，还兼有通道体的作用，每个阀体上都制造有公共油液通道，各阀芯相应油口在阀体内与公共油道相接。从而能用其阀体的上、下安装面进行叠加式无管连接，组成集成化液压系统。

叠加阀按功用的不同分为压力控制阀、流量控制阀和方向控制阀三类。

（1）叠加阀的结构及工作原理。叠加阀的工作原理与一般液压阀相同，只是具体结构有所不同。现以溢流阀为例，说明其结构和工作原理。

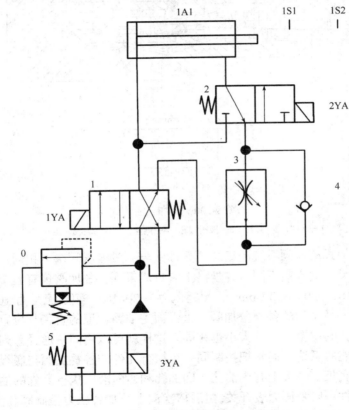

图 3-99　参考方案二

如图 3-100（a）所示为 Y1–F10D–P/T 先导型叠加式溢流阀。其型号意义是：Y 表示溢流阀，F 表示压力等级（20MPa），10 表示 ø10mm 通径系列，D 表示叠加阀，P/T 表示进油口为 P、回油口为 T。它由先导阀和主阀两部分组成，先导阀为锥阀，主阀相当于锥阀式的单向阀。其工作原理是：压力油由进油口 P 进入主阀阀芯 6 右端的 e 腔，并经阀芯上阻尼孔 d 流至阀芯 6 左端 b 腔，再经小孔 a 作用于锥阀阀芯 3 上。当系统压力低于溢流阀的调定压力时，锥阀芯 3 关闭。当进口压力升高开，达到阀的调定压力后，锥阀芯 3 打开，b 腔的油液经锥阀口及孔 c 由油口 T1 流回油箱，主阀阀芯 6 右腔的油经阻尼孔 d 向左流动，液流流经阻尼孔 d 时产生压力损失，使主阀阀芯的两端油液产生压力差，此压力差使主阀阀芯克服弹簧 5 而左移，主阀阀口打开，主阀口开始溢流。调节螺钉 1，可调节弹簧 2 的预压缩量便可调节溢流阀的调定压力。如图 3-100（b）所示为叠加式溢流阀的职能符号。

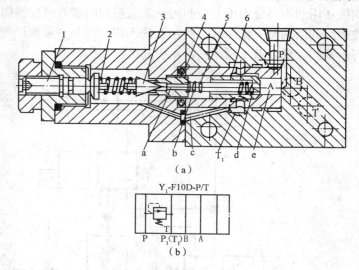

图 3-100 叠加式溢流阀
1—推杆；2—弹簧；3—锥阀阀芯；4—阀座；5—弹簧；6—主阀阀芯

（2）叠加式液压阀系统的组装。叠加阀与一般液压阀基本相同，只是在具体结构和连接尺寸上有些不同，在规格上它自成系列。叠加阀现有五个通径系列：ø6、ø10、ø16、ø20、ø32（mm），额定压力为 20MPa，额定流量为 10~200L/min。

同一种通径系列的各类叠加阀，上下面主油路通道的直径与位置相同。并且其连接螺栓孔的位置、尺寸大小也相同。这样就可以用同一通径系列的叠加阀叠加成不同功能的系统。通常把控制同一个执行元件的各叠加阀与底板叠加起来，最下面的是底板，底板上有进油孔、回油孔和通向液压执行元件的油孔，底板上面第一个元件一般是压力表开关，然后依次向上叠加各压力控制阀和流量控制阀，最上层为换向阀，用螺栓将它们紧固，可直接连接而组成集成化液压系统。其外观如图 3-101 所示。

（3）叠加式液压系统的特点如下。

①用叠加阀组装液压系统，不需要另外的连接块，因而结构紧凑，体积小，重量轻。

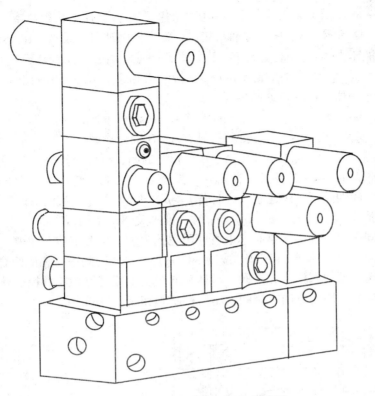

图 3-101 叠加阀液压系统外观图

②系统的设计工作量小,绘制出叠加阀式液压系统原理图,即可进行组装,且组装简便、组装周期短。

③调整、改换或增减系统的液压元件方便简单。

2. 插装阀

插装阀在结构上是一种不包括阀体,直接将阀芯装入一个共同阀体内的特殊二位二通阀,其阀芯基本结构通常是一个锥阀,可以用来实现最基本的逻辑功能,所以也称为插装式锥阀或逻辑阀。由于插装式元件已经标准化,将几个插装式元件组合一下便可组成复合阀。

与普通液压阀比较,插装阀通流能力大,特别适用于大流量场合;阀芯动作灵敏,抗堵塞能力强;密封性好,泄漏小,油液流经阀口的压力损失小;结构简单,制造容易,工作可靠,标准化、通用化程度高。

(1) 插装式锥阀的结构和工作原理。如图 3-102 所示为插装式锥阀,插装阀主要由三部分组成,一是锥阀组件(包括阀套 2、弹簧 3 和锥阀 4),插装在阀体 5 的孔内;二是控制盖板 1,其上设有控制油路,必要时与先导元件连通,锥阀组件上配置不同的盖板,就能实现各种不同的功能;三是阀体 5,可由用户自己加工制作。同一阀体内可装入若干个不同机能的锥阀组件，使结构很紧凑。

如图 3-102 所示，A、B 为主油路接口，K 为控制油口。设 A、B、K 油口所通油腔的油液压力为 p_A、p_B、p_K，有效工作面积分别为 A_1、A_2、A_K，显然 $A_1+A_2=A_K$，弹簧的作用力为 F_S，如不考虑锥阀的质量、液动力和摩擦力等因素的影响，在 p_A、p_B、p_K 均为某一值时，阀口通断情况为：

当 $p_A A_1+p_B A_2<F_S+p_K A_K$ 时，锥阀闭合，A、B 油口不通；

当 $p_A A_1+p_B A_2>F_S+p_K A_K$ 时，锥阀打开，A、B 油口导通。

也就是说，当 p_A、p_B 一定时，A、B 油路的通断，可以由控制油口的油压 p_K 来控制。当控制油口 K 接通油箱时，$p_K=0$，锥阀下部的油压作用力大于弹簧力时，锥阀即打开，使油路 A、B 连通。这时若 $p_A>p_B$，则油液由 A 流向 B；若 $p_B>p_A$，则油液由 B 流向 A。当 $p_K \geqslant p_A$，$p_K \geqslant p_B$ 时，锥阀关闭，A、B 不通。

根据不同需要，插装阀锥阀芯上可开阻尼孔，端部可开节流三角槽。也可使锥阀芯只有 $A_K:A_1$ 不同的面积比，或制成圆柱形。将插装阀进行相应组合，并将小流量方向阀、压力阀作为先导阀，对插装阀组合油路进行相应调控，就可以实现不同控制功能，用作方向控制阀、压力控制阀和流量控制阀。

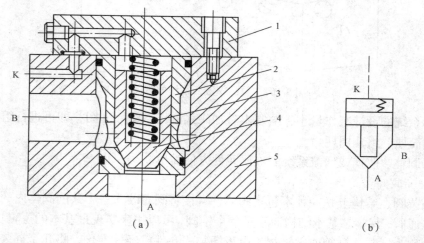

图 3-102　插装式锥阀

1—控制盖板；2—阀套；3—弹簧；4—锥阀；5—阀体

（2）插装阀的应用。共有以下几种用法。

①插装单向阀。将控制油口 K 与 A 或 B 连接，即成单向阀。连接方法不同其导通方式也不同。如图 3-103（a）所示，A 与 K 连通，当 $p_A>p_B$ 时，锥阀关闭，A、B 不通；当 $p_A<p_B$ 时，锥阀开启，油液由 B 流向 A。如图 3-103（b）所示，B 与 K 连通，当 $p_A<p_B$ 时，锥阀关闭，A、B 不通；当 $p_A>p_B$ 时，锥阀开启，油液由 A 流向 B。

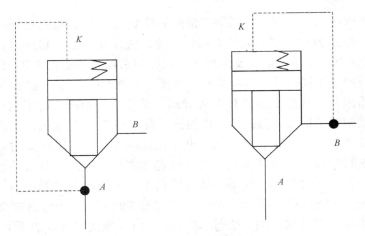

图 3-103　插装式单向阀

若在控制盖板上接一个二位三通液动换向阀，用以控制插装锥阀控制油口 K 的通油状态，即成为液控单向阀，如图 3-104 所示，当换向阀的控制油口 K 不通压力油，换向阀为左位（图示位置）时，油液只能由 A 流向 B；当换向阀的控制油口 K 通入压力油，换向阀为右位时，锥阀上腔与油箱连通，油液也可由 B 流向 A。锥阀下面的符号为可以替代的普通液压阀符号。

②插装换向阀。用小规格二位三通电磁换向阀来控制油口 K 的通油状态，即成为能通过高压大流量的二位二通换向阀，如图 3-105 所示，当电磁换向阀为左位（图示位置）时，油液只能由 B 流向 A；当电磁铁通电换为右位时，油口 K 与油箱连通，油液也可由 A 流向 B。

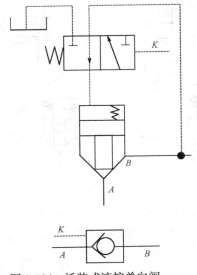

图 3-104　插装式液控单向阀

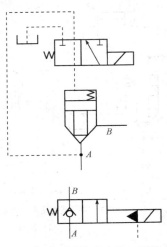

图 3-105　插装式二位二通换向阀

③插装式压力控制阀。对插装式锥阀的控制油口 K 的油液进行压力控制,即可构成各种压力控制阀,以控制高压大流量液压系统的工作压力。其结构原理如图 3-106 所示。用直动式溢流阀作为先导阀来控制插装式主阀,在不同的油路连接下便构成不同的插装式压力阀。如图 3-106(a)所示,插装锥阀 1 的 B 油口与油箱接通,其控制油口 K 与先导阀 2 相连,先导阀 2 的出油口与油箱接通,这样就构成了插装式溢流阀。即当插装锥阀与油口 A 连接的油腔压力升高到先导阀 2 的调定压力时,先导阀打开油液流过主阀芯阻尼孔 a 时造成两端压力差,使主阀芯抬起,油口 A 的压力油便经主阀开口由油口 B 溢回油箱,实现稳压溢流。如图 3-106(b)所示,插装锥阀 1 的 B 油口与油箱接通,其控制油口 K 接二位二通电磁换向阀 2,即构成了插装式卸荷阀。当电磁阀 2 通电,使锥阀控制油口 K 接通油箱时,锥阀芯抬起,A 口油液便在很低油压下流回油箱,实现卸荷。如图 3-106(c)所示,插装锥阀 1 的 B 油口接压力油路,控制油口 K 接先导阀 2,便构成插装式顺序阀。即当 A 油口压力达到先导阀的调定压力时,先导阀打开,控制油口的油液经先导阀流回油箱,油液流过主阀芯阻尼孔 a,造成主阀两端产生压差,使主阀芯抬起,油口 A 压力油便经主阀开口由 B 流入阀后的压力油路。

如图 3-106(a)所示,若主阀采用油口常开的圆锥阀芯可构成插装式减压阀。

④插装式流量控制阀。在插装锥阀的盖板上,增加阀芯行程调节装置,调节阀芯开口的大小,就构成了一个插装式可调节流阀,如图 3-107 所示,其锥阀芯上开有三角槽,用以调节流量。若在插装节流阀前串联一差压式减压阀,就可组成插装调速阀。

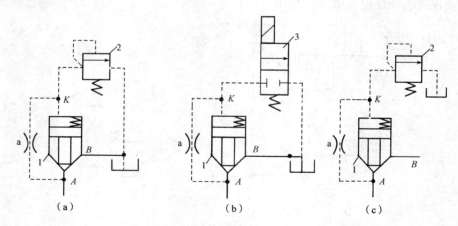

图 3-106 插装式压力阀

(a)插装式溢流阀;(b)插装式卸荷阀;(c)插装式顺序阀

1—锥阀;2—溢流阀;3—电磁阀

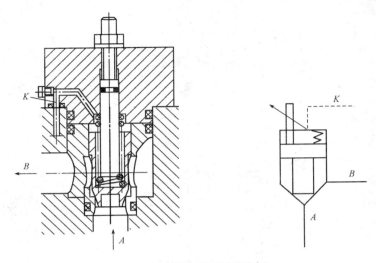

图 3-107 插装式可调节流阀

思考题与练习

3.1 弹簧对中型三位四通电液换向阀,其先导阀的中位机能能否选用 O 型?为什么?

3.2 先导式溢流阀中的阻尼小孔起什么作用?是否可以将阻尼小孔加大或堵塞。

3.3 请结合直动式溢流阀和先导式溢流阀的结构特点,说明为何直动式溢流阀只适用于低压系统,而先导式溢流阀可以用于中高压系统。

3.4 如图 3-108(a)、图 3-108(b)所示的系统中,溢流阀的调整压力分别为 $p_A=3\text{MPa}$, $p_B=2\text{MPa}$, $p_C=4\text{MPa}$。问当外负载趋于无限大时,该系统的压力 p 为多少?

3.5 如图 3-109 所示的液压系统,各溢流阀的调整压力分别为 $p_1=9\text{MPa}$, $p_2=3\text{MPa}$, $p_3=4\text{MPa}$,问:当系统的负载趋于无穷大时,电磁铁通电和断电的情况下,油泵出口压力各为多少?

3.6 如图 3-110 所示的减压回路中,若溢流阀的调整压力为 6MPa,减压阀的调定压力为 2MPa,至系统的主油路截止,活塞运动时夹紧缸无杆腔的压力为 0.5MPa,夹紧缸活塞直径为 40mm,活塞杆直径为 25mm。

(1) 活塞在运动时 A、B 处的压力值:$p_A=$ _____ ,$p_B=$ _____ 。

(2) 夹紧工件其动动停止时 A、B 处的压力值:$p_A=$ _____ ,$p_B=$ _____ 。

(3) 图中单向阀有何作用?

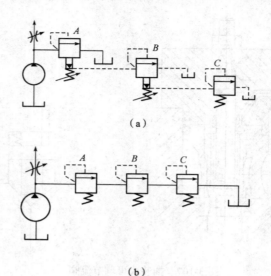

(a)

(b)

图 3-108（题 3.4 图）

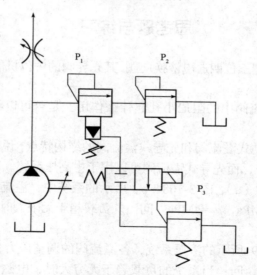

图 3-109（题 3.5 图）

（4）为何采用失电夹紧？

（5）求出工件所受到的夹紧力。

3.7 调节节流阀的开口度能否调节活塞的运动速度，为什么？若想达到调速的目的，还应添加什么阀？请画在图 3-111 上。

3.8 什么是压力继电器？压力继电器有何应用？

3.9 比较减压阀、溢流阀、顺序阀的异同。

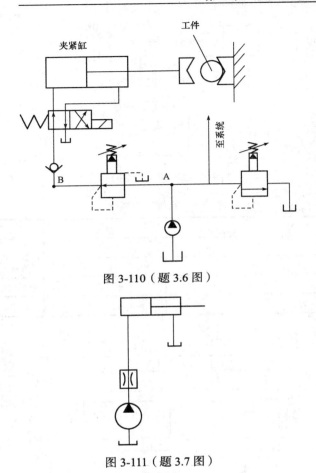

图 3-110（题 3.6 图）

图 3-111（题 3.7 图）

3.10 总结液压系统中常用的方向控制阀、流量控制阀、压力控制阀有哪些？分别有什么作用？

3.11 什么是保压回路？为何利用液控单向阀可以实现系统的保压回路？液压系统的卸荷方法有哪些？

3.12 根据如图 3-112 所示的工作循环和表中的动作要求，填写电磁铁动作顺序表 3-8（得电填"+"，失电填"-"，得失电均可则按失电记）。

3.13 在如图 3-113 所示的液压回路的方框中填入适当的液压元件符号，使该回路能够安全限压，B 缸可以单独进行单向减压。

3.14 如图 3-114 所示，液压缸 A 和 B 并联，要求缸 A 先动作，速度可调，且当 A 缸活塞运动到终点后，缸 B 才动作。试问：回路能否实现所要求的顺序动作？为什么？在不增加元件数量（允许改变顺序阀的控制方式）的情况下，应如何改进？

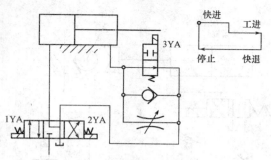

图 3-112（题 3.12 图）

表 3-8 系统动作顺序

	1YA	2YA	3YA
快进			
工进			
快退			
停止			

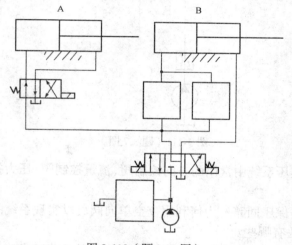

图 3-113（题 3.13 图）

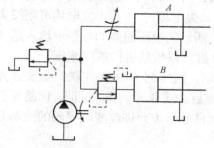

图 3-114（题 3.14 图）

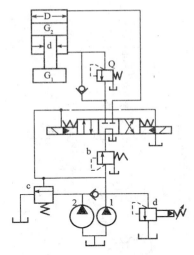

图 3-115（题 3.15 图）

3.15 如图 3-115 所示的液压系统，活塞及模具的重量分别为 G_1=3000N，G_2=5000N；活塞及活塞杆的直径分别为 D=250mm，d=200mm；油泵 1 和 2 的最大工作压力分别为：p_1=32MPa，p_2=7MPa，忽略各处摩擦损失。试问：

（1）阀 a、b、c 和 d 各是什么阀？在系统中各有何功用？

（2）阀 a 的调整压力为 p_a=5MPa 时，阀 b、c 及 d 的压力各应调整为多少？

3.16 利用一个先导式溢流阀、两个直动式溢流阀、两个二位二通电磁换向阀连接成一个三级调压回路。

3.17 如图 3-116 所示的液压系统，动作顺序为快进→工进Ⅰ→工进Ⅱ→快退。读懂图示液压系统原理图，分别写出缸工进Ⅱ和快退时系统的进油、回油路线。（通过换向阀，应注明左、右位置）并填写动作循环表（得电填"+"，失电填"−"，得失电均可则按失电记）。

表 3-9 系统动作顺序

动作顺序	1Y	2Y	3Y	4Y
快进				
工进Ⅰ				
工进Ⅱ				
快退				
停止				

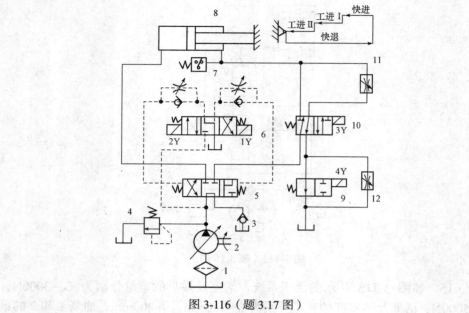

图 3-116（题 3.17 图）

第4章 气压传动系统的构建

4.1 机械手抓取机构气压传动系统的构建（1）

4.1.1 任务说明

1. 任务引入

如图 4-1 所示为机械手抓取机构示意图，工作要求为：按下按钮气缸活塞杆伸出，机械手将工件抓紧，松开按钮，活塞杆收回，机械手将工件松开。气缸动作要求采用直接控制。

2. 任务分析

机械手的抓取和松开，是通过气缸伸出和缩回，推动铰链机构来实现的。要实现任务所要求的控制，只要实现气缸的往复动作即可。

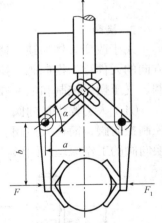

图 4-1 机械手抓取机构示意图

4.1.2 理论指导

一、方向控制阀

1. 单向阀

有两个通口，气流只能向一个方向流动而不能反方向流动的阀称为单向阀。

如图 4-2 所示为单向阀原理图和实物图。正向流动时，IN 口气压推动阀芯的力大于作用在阀芯上的弹簧力和阀芯之间的摩擦阻力，阀芯被推开，OUT 口有输出。

保持阀芯开启达到一定流量时的压力（差），称为开启压力。普通单向阀开启压力约为 0.02MPa。开启压力太低，容易漏气，且复位时间过长，不起单向阀的作用了。但开启压力太高则不灵敏。

安装单向阀时，IN 为进口，OUT 为出口，不得装反。单向阀受冲击压力时，其冲击压力值不得大于 1.5MPa。

单向阀可用于防止因气源压力下降，或因耗气量增大造成的压力下降而出现的逆流，用于气动夹紧装置中保持夹紧力不变；防止因压力突然上升（如冲击载荷作用于气缸）而影响其他部位的正常工作等。

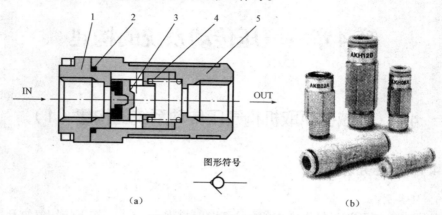

图 4-2 单向阀原理图及实物图
（a）原理图；（b）实物图
1—阀块；2—O形圈；3—阀芯；4—弹簧；5—阀盖

2. 换向阀

用于改变气体通道，使气体流动方向发生变化从而改变气动执行元件的运动方向的元件称为换向阀。换向阀按操控方式分主要有人力操纵控制、机械操纵控制、气压操纵控制和电磁操纵控制四类。

（1）人力操纵换向阀。依靠人力对阀芯位置进行切换的换向阀称为人力操纵控制换向阀，简称人控阀。人控阀又可分为手动阀和脚踏阀两大类。常用的手动换向阀的工作原理及图形符号如图 4-3 所示。

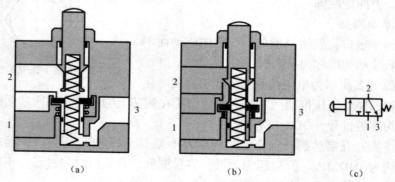

图 4-3 手动换向阀工作原理图及图形符号
（a）换向前；（b）换向后；（c）图形符号

人力操纵换向阀与其他控制方式相比，使用频率较低，动作速度较慢。因操纵力不宜太大，所以阀的通径较小，操作也比较灵活。在直接控制回路中人力操纵换向阀用来直接操纵气动执行元件，用作信号阀。人控阀的常用操控机构如图 4-4 所示。

图 4-4 人控阀常用操控机构
(a) 按钮式；(b) 锁式；(c) 脚踏式

（2）机械操纵换向阀。机械操纵换向阀是利用安装在工作台上凸轮、撞块或其他机械外力来推动阀芯动作实现换向的换向阀。由于它主要用来控制和检测机械运动部件的行程，所以一般也称为行程阀。行程阀常见的操控方式有顶杆式、滚轮式、单向滚轮式等，其换向原理与手动换向阀类似。顶杆式是利用机械外力直接推动阀杆的头部使阀芯位置变化实现换向的。滚轮式头部安装滚轮可以减小阀杆所受的侧向力。单向滚轮式行程阀常用来排除回路中的障碍信号，其头部滚轮是可以折回的。如图 4-5 所示，单向滚轮式行程阀只有在凸块从正方向通过滚轮时才能压下阀杆发生换向；当凸块反向通过时，滚轮式行程阀不换向。行程阀实物图如图 4-6 所示。

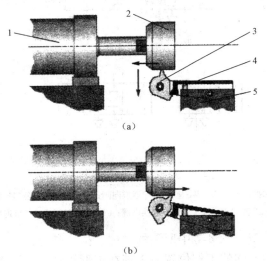

图 4-5 单向滚轮式行程阀工作原理图
(a) 正向通过；(b) 反向通过
1—气缸；2—凸块；3—滚轮；4—阀杆；5—行程阀阀体

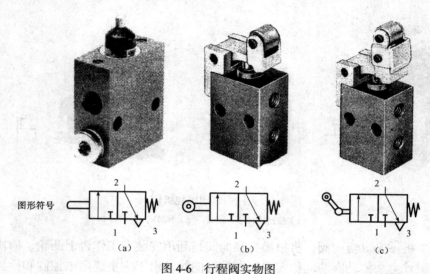

图 4-6　行程阀实物图
（a）顶杆式；（b）滚轮式；（c）单向滚轮式

（3）换向阀的表示方法。换向阀阀芯处在不同位置，各接口间有不同的连通状态，由换向阀的这些位置和通路符号的不同组合就可以得到各种不同功能的换向阀，常用换向阀的图形符号如图 4-7 所示。

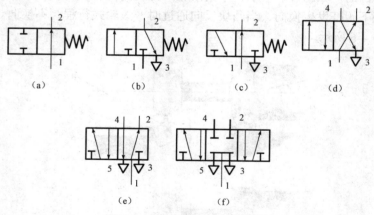

图 4-7　常用换向阀的图形符号
（a）二位二通换向阀；（b）常断型二位三通换向阀；（c）常通型二位三通换向阀；
（d）二位四通换向阀；（e）二位五通换向阀；（f）中位封闭式三位五通换向阀

和液压换向阀类似，图 4-7 中所谓的"位"指的是为了改变流体方向，阀芯相对于阀体所具有的不同的工作位置。表现在图形符号中，即图形中有几个方格就有几位；所谓的"通"指的是换向阀与系统相连的通。有几个通口即为几通。"T"和"⊥"表示各接口互不相通。

换向阀的接口为便于接线应进行标号,符合一定的规则。本章中采用的是 DIN ISO 5599 所确定的规则,标号方法如下:

压缩空气输入口:　　　　　　　　　　　1
排气口:　　　　　　　　　　　　　　　3、5
信号输出口:　　　　　　　　　　　　　2、4
使接口 1 和 2 导通的控制管路接口:　　　12
使接口 1 和 4 导通的控制管路接口:　　　14
使阀门关闭的控制管路接口:　　　　　　10

二、溢流阀

溢流阀(安全阀)在系统中起限制最高压力,保护系统安全作用。当回路、气罐的压力上升到设定值以上时,溢流阀(安全阀)把超过设定值的压缩空气排入大气,以保持输入压力不超过设定值。

1. 工作原理

如图 4-8 所示为溢流阀的工作原理图。它由调压弹簧 2、调节手轮 1、阀芯 3 和壳体组成。当气动系统的气体压力在规定的范围内时,由于气压作用在阀芯 3 上的力小于调压弹簧 2 的预压力,所以阀门处于关闭状态。当气动系统的压力升高,作用在阀芯 3 上的力就克服弹簧力使阀芯向上移动,阀芯 3 开启,压缩空气由排气孔 T 排出,实现溢流,直到系统的压力降至规定压力以下时,阀芯重新关闭。开启压力大小靠调压弹簧的预压缩量来实现。

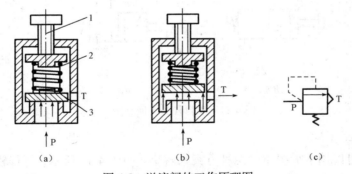

图 4-8　溢流阀的工作原理图
(a)进口压力小于开启压力;(b)进口压力大于开启压力;(c)图形符号

2. 溢流阀的分类

溢流阀与减压阀相类似,按控制方式分为直动式和先导式两种。如图 4-9 所示为直动式溢流阀,其开启压力与关闭压力比较接近,即压力特性较好、动作灵敏;但最大开启量比较小,即流量特性较差。如图 4-10 所示为先导式溢流阀,它由一小型的直动式减压阀提供控制信号,以气压代替弹簧控制溢流阀的开启压力。先导式溢流阀一般用于管道直径大或需要远距离控制的场合。

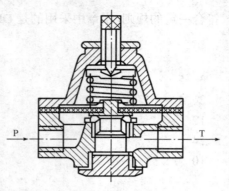
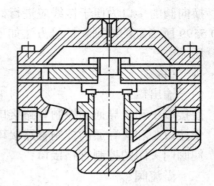

图 4-9　直动式溢流阀　　　　　图 4-10　先导式溢流阀

4.1.3　参考方案

1. 回路图

回路图如图 4-11 所示。

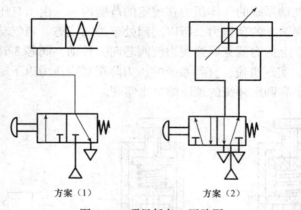

图 4-11　项目任务 1 回路图

2. 回路分析

该项目可以用上面提供的两种方案来解决。如图 4-11 所示，行程较小时可采用单作用气缸的方案 1；行程较大时可采用双作用气缸的方案 2。

采用单作用气缸，由于气缸活塞的伸出需压缩空气驱动，靠内部弹簧返回，所以选用的换向阀为只有一个输出口的二位三通换向阀。对于双作用气缸，活塞伸出和返回均由压缩空气驱动，所以应选用有两个输出口的换向阀。

另外考虑气缸活塞在松开按钮后应自动返回，所以换向阀选用手动按钮操作、弹簧自动复位的操纵方式。在对二位五通或二位四通换向阀进行接线时，应注意两个输出口哪个与气缸左腔相连，哪个与右腔相连，一旦接错将造成活塞动作方向与控制要求相反。

4.2 机械手抓取机构气压传动系统的构建（2）

4.2.1 任务说明

1. 任务引入

如图 4-12 所示为机械手抓取机构示意图，工作要求为：按下按钮气缸活塞杆伸出，机械手将工件抓紧，松开按钮，活塞杆收回，机械手将工件松开。气缸动作要求采用间接控制。

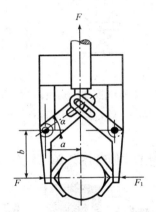

图 4-12 机械手抓取机构示意图

2. 任务分析

本任务的动作要求与项目任务 4.1 所要求的一致，但在实现方式上要求采用间接控制的方式来实现。直接控制采用人力或机械外力直接控制换向阀来实现。间接控制则需要气控换向阀来控制动作，需要人力、机械等换向阀来作为先导阀输入信号控制气控换向阀的换向。

4.2.2 理论指导

一、气压控制换向阀

气压控制换向阀是靠气压力使阀芯切换的阀。该气压力成为先导压力或控制压力。根据控制方式的不同可分为加压控制、卸压控制和差压控制 3 种。

加压控制是指控制信号的压力上升到阀芯动作压力时，主阀换向，是最常用的气控阀；卸压控制是指所加的气压控制信号减小到某一压力值时阀芯动作，主阀换向；差压控制是利用换向阀两端气压有效作用面积的不等，使阀芯两侧产生压力差来使阀芯动作实现换向的。

1. 单气控加压式换向阀

如图 4-13 所示为二位三通单气控加压截止式换向阀的外形图和工作原理图。如图 4-13（b）所示，12 口没有控制信号时，阀芯在弹簧与 1 腔气压作用下，使 1、2 口断开，2、3 口接通，阀处于排气状态；当 12 口有控制信号时，1、2 口接通，2 与 3 断开，高压气体从 2 口输出。

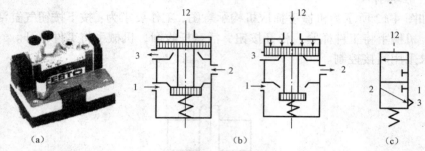

图 4-13　单端气控加压式换向阀工作原理图
（a）实物图；（b）工作原理图；（c）图形符号

2. 双气控加压式换向阀

如图 4-14 所示为气控阀工作原理图。单控式气控阀靠弹簧力复位。

外形图

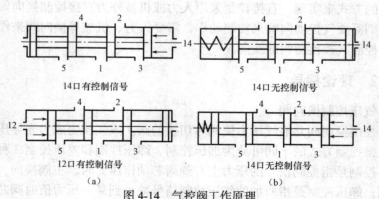

图 4-14　气控阀工作原理
（a）双气控滑阀；（b）单气控滑阀

双气控或气压复位的气控阀，如果阀两边气压控制腔所作用的操作活塞面积存在差别，导致在相同控制压力同时作用下驱动阀芯的力不相等而使阀换向，则该阀为差压控制阀。

对气控阀在其控制压力到阀控制腔的气路上串接一个单向溢流阀和固定气室组成的延时环节,就构成延时阀。控制信号的气体压力经单向溢流阀向固定气室充气,当充气压力达到主阀动作要求的压力时,气控阀换向,阀切换延时时间可通过调节溢流阀开口大小来调整。

二、电磁换向阀

电磁换向阀是利用电磁线圈通电时所产生的电磁吸力使阀芯改变位置来实现换向的,简称为电磁阀。电磁阀能够利用电信号对气流方向进行控制,使得气压传动系统可以实现电气控制,是气动控制系统中最重要的元件。

按电磁换向阀操作方式的不同可分为直动式和先导式。图4-15所示为这两种操作方式的表示方法。

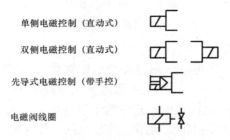

图4-15 电磁换向阀操控方式的表示方法

1. 直动式电磁换向阀

直动式电磁阀是利用电磁线圈通电时,静铁芯对动铁芯产生的电磁吸力直接推动阀芯移动实现换向的。如图4-16所示为单电控直动式电磁阀的动作原理图。通电时,电磁铁1推动阀芯向下移动,使1、2接通,阀处于进气状态。断电时,阀芯靠弹簧力复位,使1、2断开。2、3接通,阀处于排气状态。

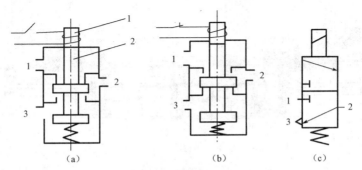

图4-16 单电控直动式电磁阀动作原理图
(a)断电;(b)通电;(c)图形符号
1—电磁铁;2—阀芯

图 4-17 是双电控直动式电磁阀的动作原理图。当电磁铁 1 通电，电磁铁 2 断电时，阀芯 3 被推到右位，4 口有输出，2 口排气。电磁铁 1 断电，阀芯位置不变，即具有记忆功能。当电磁铁 1 断电、电磁铁 2 通电时，阀芯被推到左位，2 口输出，4 口排气。若电磁铁 2 断电，空气通路仍保持原位不变。

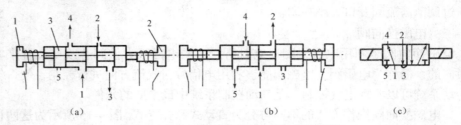

图 4-17 双电控直动式电磁阀动作原理图
（a）电磁铁 1 通电，2 断电；（b）电磁铁 1 断电，2 通电；（c）图形符号
1、2—电磁铁；3—阀芯

2. 先导式电磁换向阀

直动式电磁阀由于阀芯的换向行程受电磁吸合行程的限制，只适用于小型阀。先导式电磁换向阀则是由直动式电磁阀（先导阀）和气控换向阀（主阀）两部分构成。其中直动式电磁阀在电磁先导阀线圈得电后，导通产生先导气压。先导气压再来推动大型气控换向阀阀芯动作，实现换向。其结构示意图如图 4-18 所示。

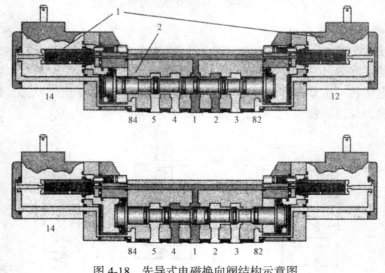

图 4-18 先导式电磁换向阀结构示意图
1—先导阀；2—主阀

按电磁线圈数，先导式换向阀有单电控和双电控之分。按先导压力来源分，有内部先导式和外部先导式。如图 4-19 所示为单电控外部先导式电磁阀的动作原

理图。当电磁先导阀断电时，先导阀的 X、A_1 口断开，A_1、P_E 口接通，先导阀处于排气状态，即主阀的控制腔 A_1 处于排气状态。此时，主阀阀芯在弹簧和 X 口气压的作用下向右移动，将 1、2 口断开，2、3 口接通，及主阀处于排气状态。当电磁先导阀通电时，X、A_1 口接通，先导阀处于进气状态，即主阀控制腔 A_1 进气。由于 A_1 腔内气体作用于阀芯上的力大于 X 口气体作用在阀芯上的力与弹簧力之和，因此，将活塞推向左边，使 1、2 口接通，即主阀处于进气状态。图 4-19（c）是单电控外部先导式电磁阀的详细图形符号，图 4-19（d）是其简化图形符号。图 4-20 为电磁换向阀实物图。

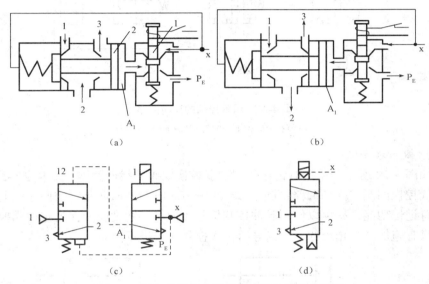

图 4-19　单电控外部先导式电磁阀的动作原理图
（a）电磁先导阀断电时；（b）电磁先导阀通电时；（c）详细图形符号；（d）简化图形符号
1—电磁先导阀；2—主阀

图 4-20　电磁换向阀实物图

三、方向控制回路

1. 单控换向回路

如图 4-21 所示为采用无记忆作用的单控换向阀（控制信号撤销后，阀芯位置不能保持）的换向回路，其中图 4-21（a）为气控换向回路图；图 4-21（b）为电控换向回路；图 4-21（c）为手控换向回路。当施加控制信号后，则气缸活塞杆向外伸出；控制信号一旦消失，不论活塞杆运动到何处，活塞杆立即退回。在实际使用过程中，必须保证控制信号有足够的延迟时间，否则会出现事故。

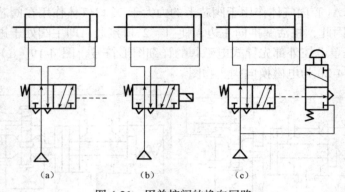

图 4-21　用单控阀的换向回路
（a）气控换向；（b）电控换向；（c）手控换向

2. 双控换向回路

如图 4-22 所示为采用有记忆作用的双控换向阀的换向回路，其中图 4-22（a）为双气控换向阀的换向回路；图 4-22（b）为双电控换向回路。因回路中的主控阀具有记忆功能，故可以使用脉冲控制信号（但脉冲宽度应能保证主控阀换向），而且只有施加一个相反的控制信号后，主控阀才会进行换向。

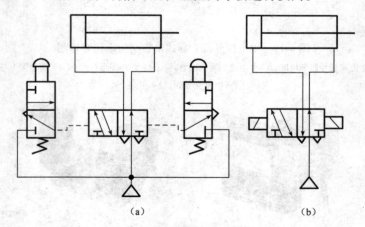

图 4-22　用双控阀的换向回路
（a）双气控换向；（b）双电控换向

3. 自锁式换向回路

图 4-23 所示为自锁式换向回路，主控阀采用无记忆功能的单控换向阀，这是

一个手动换向回路。当按下手动阀 1 的按钮后，主控阀右位接入，气缸活塞杆向左伸出，这时即使将手动阀 1 的按钮松开，主动阀也不会换向。只有当手动阀 2 的按钮压下后，控制信号才会消失，主控阀开始换向复位，左位接入，气缸活塞杆向右退回。这种回路要求控制管路和手动阀不能有漏气现象。

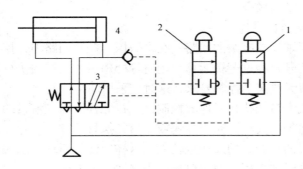

图 4-23　自锁式换向回路

1、2—手动阀；3—主控阀；4—气缸

四、直接控制与间接控制

1. 定义和特点

如图 4-24 所示，通过人力或机械外力直接控制换向阀来实现执行元件动作控制，这种控制方式称为直接控制。间接控制指的则是执行元件的动作由气控换向阀来控制，人力、机械外力等外部输入信号只是用来控制气控换向阀的换向，不直接控制执行元件动作。

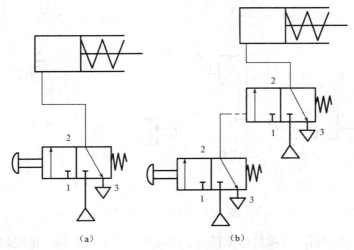

图 4-24　气缸的直接控制和间接控制回路图

(a) 直接控制；(b) 间接控制

2. 直接控制的适用场合

直接控制所用的元件少，回路简单，主要用于单作用气缸或双作用气缸的简单控制，但无法满足换向条件比较复杂的控制要求；而且由于直接控制是由人力和机械外力直接操控换向阀换向的，操作力比较小，只适用于所需气流量和控制阀的尺寸相对较小的场合。

3. 间接控制的适用场合

（1）控制要求比较复杂的回路。在多数压力控制回路中，控制信号往往不止一个，或输入信号要经过逻辑运算、延时等处理后才去控制执行元件动作。如果采用直接控制就无法满足控制要求，这时应采用间接控制。

（2）高速或大口径执行元件的控制。执行元件所需气流量的大小决定了所采用的控制阀门通径的大小。对于高速或大口径执行元件，其运动需要较大的压缩空气流量，相应的控制阀的通径也较大。这样，使得驱动控制阀阀芯动作需要较大的操作力。这时如果用人力或机械外力来实现换向比较困难，而利用压缩空气的气压力就可以获得很大的操作力，容易实现换向。所以对于这种需要较大操作力的场合也应采用间接控制。

4.2.3 参考方案

1. 方案一（采用气压控制换向阀）

（1）回路图。采用气压控制换向阀的回路图如图4-25所示。

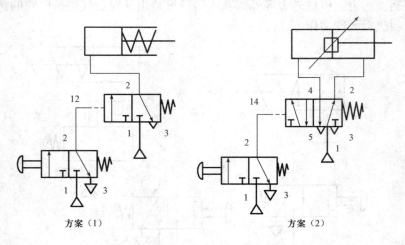

图4-25　项目4.2回路图

（2）回路分析。该项目与项目4.1的区别在于要求采用间接控制方式，与项目4.1一样，仍可以采用两种方案解决。当气缸活塞行程较小时可采用单作用气缸，如图4-25所示方案1；行程较大时可采用双作用气缸，如图4-25所示方案2。

采用间接控制后，按钮的作用只是控制气控阀换向所需的气压，不再直接驱动气缸运动。

采用图 4-26 的方案同样可以满足任务的要求。但是由于按钮式换向阀采用常通型，即没有按下已有输出，就会使气控换向阀的复位弹簧长时间处于受压状态，易疲劳损坏，使换向阀的寿命缩短，所以不宜采用。

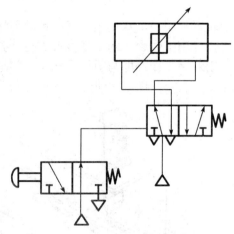

图 4-26　项目 4.2 的错误回路图

2. 方案二（采用电磁换向阀）

在这个项目中，如果采用双作用气缸可以得到如图 4-27 所示的电气控制回路图。方案 1 中采用按钮 S1 直接控制电磁阀线圈通、断电，回路简单；方案 2 中采用按钮 S1 控制电磁继电器线圈通、断电，继电器触点控制电磁阀线圈通、断电，回路比较复杂，但由于继电器提供多对触点，使回路具有良好的可扩展性。采用单作用气缸时的电气控制回路图与此基本相同。

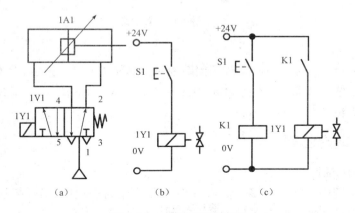

图 4-27　电气控制回路图

4.3 剪切装置气压传动系统的构建

4.3.1 任务说明

1. 任务引入

如图 4-28 所示，剪切装置利用一个双作用式气缸带动剪切刀对不同长度的木材进行剪切加工。剪切的长度用工作台上的一把标尺进行调整。为保证安全，要求切断过程的启动必须采用双手操作，即与剪切头相连的气缸活塞杆必须在两手分别按下两个按钮才会伸出。当松开任一按钮时，气缸活塞即作回程运动。

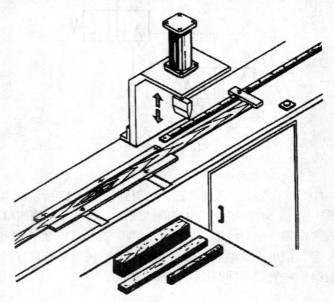

图 4-28 木材剪切装置示意图

2. 任务分析

该任务的特点在于，由两个按钮同时控制。单独按下某个按钮，不输出信号。只有同时按下两个按钮的时候，才输出信号，实现气缸的动作。这就要求在控制上要求实现逻辑"与"的控制。

4.3.2 理论指导

一、逻辑控制

在气动系统中，如果有多个输入条件来控制气缸的动作，就需要通过逻辑控制回路来处理这些信号间的逻辑关系，实现执行元件的正确动作。

1. 双压阀

如图 4-29 所示，双压阀有两个输入口 1（3）和一个输出口 2。只有当两个输入口都有输入信号时，输出口才有输出，从而实现了逻辑"与门"的功能。当两个输入信号压力不等时，则输出压力相对低的一个，因此它还有选择压力的作用。

在气动控制回路中的逻辑"与"除了可以用双压阀实现外，还可以通过输入信号的串联实现，如图 4-30 所示。

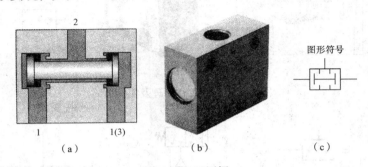

图 4-29 双压阀
(a) 工作原理图；(b) 实物图；(c) 图形符号

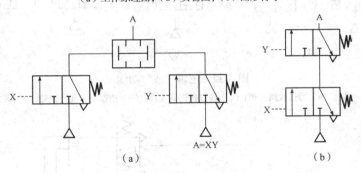

图 4-30 逻辑"与"功能
(a) 通过双压阀实现；(b) 通过输入信号串联实现

2. 梭阀

如图 4-31 所示，梭阀和双压阀一样有两个输入口 1（3）和一个输出口 2。当两个输入中任何一个有输入信号时，输出口就有输出，从而实现了逻辑"或门"的功能。当两个输入信号压力不等时，梭阀则输出压力高的一个。

在气动控制回路中可以采用如图 4-32 所示的方法实现逻辑"或"，但不可以简单地通过输入信号的并联实现。因为如果两个输入元件中只要一个有信号，其输出的压缩空气会从另一个输入元件的排气口漏出。

二、安全保护回路

图 4-33 是经常应用在冲床、锻压机床上的安全保护回路。只有同时按下两个

手动换向阀，气缸才向下动作，对操作人员的手起到安全保护作用。这个回路实际上也实现了逻辑"与"的控制。

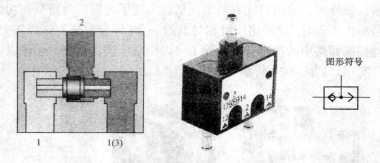

图 4-31 梭阀工作原理及实物图

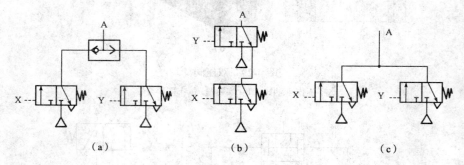

图 4-32 逻辑"或"功能
（a）通过梭阀实现；（b）通过换向阀实现；（c）错误的"或"回路

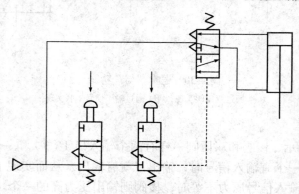

图 4-33 安全保护回路

4.3.3 参考方案

1. 气动控制回路图

气动控制回路图如图 4-34 所示。

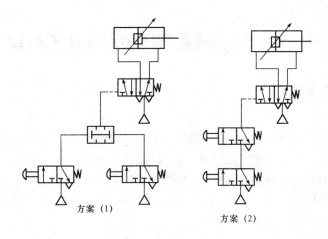

图 4-34 任务 4.3 回路图

2. 回路分析

该任务中所用到的双手操作回路是一种很常用的安全保护回路，由于气缸只有在两个手用在操作按钮时才动作，这时双手已经全部离开可能造成危险的区域，保证了人员的安全。

由于输入信号有两个，而且这两个输入信号的关系是"与"，所以在设计回路时采用间接控制，两个由按钮产生的输入信号通过逻辑"与"回路进行处理后，送到气控换向阀的控制信号输入端来控制气缸伸出。气缸在控制伸出的信号消失后自动返回，所以换向阀采用单侧气控弹簧复位的结构。

3. 电气控制回路

电气控制中通过对输入信号的串联和并联可以很方便地实现逻辑"与"、"或"功能，如图 4-35 所示。

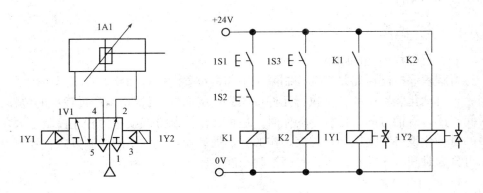

图 4-35 任务 4.3 电气控制回路图

4.4 自动送料装置气压传动系统的构建

4.4.1 任务说明

1. 任务引入

如图 4-36 所示，利用一个双作用气缸将料仓中的成品推入滑槽进行装箱。为提高效率，采用一个带定位的开关启动气缸动作。按下开关，气缸活塞杆伸出，活塞杆伸到头即将工件推入滑槽。工件推入滑槽后活塞杆自动缩回；活塞杆完全缩回后再次自动伸出，推下一个工件，如此循环，直到再次按下定位开关，气缸活塞完全缩回后停止。

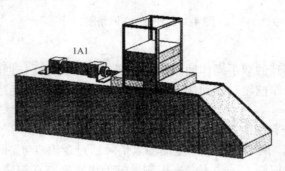

图 4-36 自动松料装置示意图

2. 任务分析

根据任务要求，活塞杆要完全伸出后再缩回，完全缩回后，再进行下一个自动伸出的动作。这个任务的关键在于，要能够检测到活塞杆的位置，这就需要用到位置检测元件。

4.4.2 理论指导

一、行程程序控制回路

行程程序控制回路是气动控制系统中非常重要的一种回路。在实际应用中，当一个自动化装置中的各个执行元件按预先设定的顺序，根据生产过程中的位移、时间、压力等信号的变化协调动作时，这种自动控制方式就称为程序控制。大多数的自动化设备都是按预定程序工作的。根据动作顺序的不同控制方式，程序控制可分为时间程序控制、行程程序控制和混合程序控制三种。

1. 时间程序控制

各执行元件的动作按照时间顺序动作的自动控制方式称为时间程序控制。发信装置按一定的时间间隔发出的时间信号，通过相应的控制回路来控制执行元件顺序动作。

2. 行程程序控制

在行程程序控制中，一个自动化装置中的执行元件在前一个动作完成后，发出完成信号，该完成信号启动下一个动作进行。行程程序控制是一种只有在前一个动作完成后，才允许下一动作执行的控制方式。

3. 混合程序控制

混合程序控制即是行程程序控制和时间程序控制的综合。如果把时间信号也看作行程信号的一种，那么它实际上也可以认为是一种行程程序控制。在工业控制过程中，很多时候还可以将压力、温度、液位等信号也作为行程信号来看待。

在上述三种控制方式中，行程程序控制结构简单、维修容易、动作稳定可靠。在程序中某一个环节发生故障无法发出完成信号时，后面的动作就不会进行，使整个程序停止动作，能够实现系统和设备的自动保护。所以在许多自动化控制系统中（包括在气压传动自动控制系统中）行程程序控制都得到非常广泛的应用。

二、常用位置传感器

在采用行程程序控制的气动控制回路中，执行元件的每一步动作完成时都有相应的发信元件发出完成信号。下一步动作都应由前一步动作的完成信号来启动。这种在气动系统中的行程发信元件一般为位置传感器，包括行程阀、行程开关、各种接近开关，在一个回路中有多少个动作步骤就应有多少个位置传感器。以气缸作为执行元件的回路为例，气缸活塞运动到位后，通过安装在气缸活塞杆或气缸缸体相应位置的位置传感器发出的信号启动下一个动作。有时安装位置传感器比较困难或者根本无法进行位置检测时，行程信号也可用时间、压力信号等其他类型的信号来代替。此时所使用的检测元件也不再是位置传感器，而是相应的时间、压力检测元件。

在气动控制回路中最常用的位置传感器就是行程阀；采用电气控制时，最常用的位置传感器有行程开关、电容式传感器、电感式传感器、光电式传感器、光纤式传感器和磁感应式传感器。除行程开关外的各类传感器由于都采用非接触式的感应原理，所以也称为接近开关。

1. 行程开关

行程开关是最常用的接触式位置检测元件，它的工作原理和行程阀非常接近。行程阀是利用机械外力使其内部气流换向，行程开关是利用机械外力改变其内部电触点通断情况。行程开关的实物图如图 4-37 所示。

2. 电容式传感器

电容式传感器的感应面由两个同轴金属电极构成，很像"打开的"电容器电极。这两个电极构成一个电容，串接在 RC 振荡回路内，其工作原理如图 4-38 所示。电源接通时，RC 振荡器不振荡，当物体朝着电容器的电极靠近时，电容器的容量增加,振荡器开始振荡。通过后级电路的处理,将不振和振荡两种信号转换成开关信号,从而起到了检测有无物体存在的目的。这种传感器能检测金属物体,也能检测非金属物体,对金属物体可以获得最大的动作距离。而对非金属物体,动作距离的决定因素之一是材料的介电常数。材料的介电常数越大,可获得的动作距离越大。材料的面积对动作距离也有一定影响。

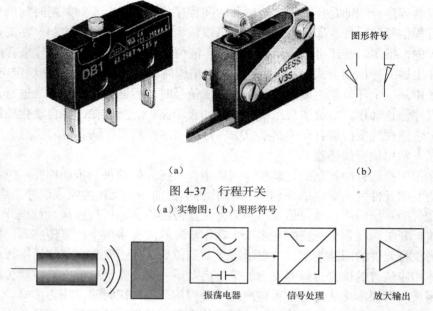

图 4-37 行程开关

(a)实物图;(b)图形符号

图 4-38 电容式传感器工作原理图

3. 电感式传感器

电感式传感器的工作原理如图 4-39 所示。电感式传感器内部的振荡器在传感器工作表面产生一个交变磁场。当金属物体接近这一磁场并达到感应距离时,在金属物体内产生涡流,从而导致振荡衰减,以至停振。振荡器振荡及停振的变化被后级放大电路处理并转换成开关信号,触发驱动控制器件,从而达到非接触式的检测目的。电感式传感器只能检测金属物体。

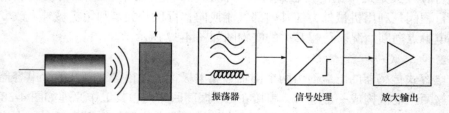

图 4-39 电感式传感器工作原理图

4. 光电式传感器

光电式传感器是通过把光强度的变化转换成电信号的变化来实现检测的。光电传感器在一般情况下由发射器、接收器和检测电路三部分构成。发射器对准物体发射光束，发射的光束一般来源于发光二极管和激光二极管等半导体光源。光束不间断地发射，或者改变脉冲宽度。接收器由光电二极管或光电三极管组成，用于接收发射器发出的光线。检测电路用于滤出有效信号和应用该信号。常用的光电式传感器又可分为漫射式、反射式、对射式等。

（1）漫射式光电传感器。漫射式光电传感器集发射器与接收器于一体，在前方无物体时，发射器发出的光不会被接收器接收到。当前方有物体时，接收器就能接收到物体反射回来的部分光线，通过检测电路产生开关量的电信号输出。其工作原理如图 4-40 所示。

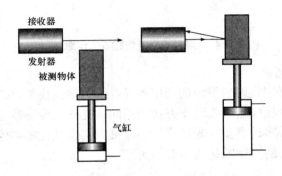

图 4-40　漫射式光电传感器工作原理图

（2）反射式光电传感器。反射式光电传感器也是集发射器与接收器于一体，但与漫射式光电传感器不同的是，其前方装有一块反射板。当反射板与发射器之间没有物体遮挡时，接收器可以接收到光线。当被测物体遮挡住反射板时，接收器无法接收到发射器发出的光线，传感器产生输出信号。其工作原理如图 4-41 所示。

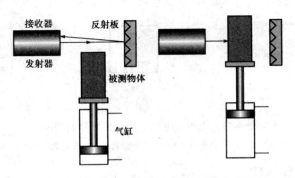

图 4-41　反射式光电传感器工作原理图

（3）对射式光电传感器。对射式光电传感器的发射器和接收器是分离的。在发射器与接收器之间如果没有物体遮挡，发射器发出的光线能被接收到。当有物体遮挡时，接收器接收不到发射器发出的光线，传感器产生输出信号。其工作原理如图4-42所示。

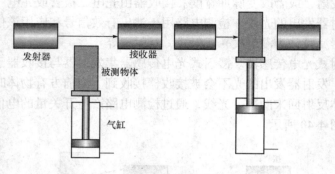

图4-42　对射式光电传感器工作原理图

5. 光纤式传感器

光纤式传感器把发射器发出的光用光导纤维引导到检测点，再把检测到的光信号用光纤引导到接收器。按动作方式的不同，光纤式传感器也可分成对射式、反射式、漫射式等多种类型。光纤式传感器可以实现被检测物体不在相近区域的检测。各类传感器的实物图如图4-43所示。

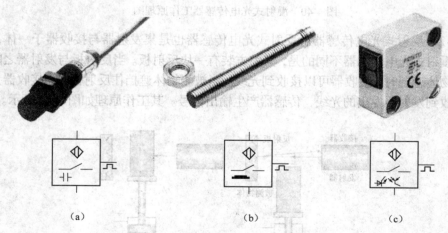

图4-43　电容、电感、光电传感器实物图
(a) 电容式传感器；(b) 电感式传感器；(c) 光电式传感器

6. 磁感应式传感器

磁感应式传感器是利用磁性物体的磁场作用来实现对物体感应的，它主要有

霍尔式传感器和磁性开关两种，其实物图如图4-44所示。

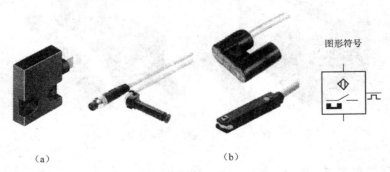

图4-44 磁感应式传感器实物图
（a）霍尔式传感器；（b）磁性开关

（1）霍尔式传感器。当一块通有电流的金属或半导体薄片垂直地放在磁场中时，薄片的两端就会产生电位差，这种现象称为霍尔效应。霍尔元件是一种磁敏元件，用霍尔元件做成的传感器称为霍尔传感器，也称为霍尔开关。当磁性物件移近霍尔开关时，开关检测面上的霍尔元件因产生霍尔效应而使开关内部电路状态发生变化，由此识别附近有磁性物体存在，并输出信号。这种接近开关的检测对象必须是磁性物体。

（2）磁性开关。磁性开关是流体传动系统中所特有的。磁性开关可以直接安装在气缸缸体上，当带有磁环的活塞移动到磁性开关所在位置时，磁性开关内的两个金属簧片在磁环磁场的作用下吸合，发出信号。当活塞移开，舌簧开关离开磁场，触点自动断开，信号切断。通过这种方式可以很方便地实现对气缸活塞位置的检测，其工作原理如图4-45所示。

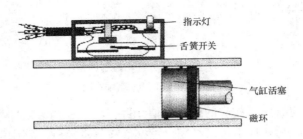

图4-45 磁性开关工作原理图

磁感应式传感器利用安装在气缸活塞上的永久磁环来检测气缸活塞的位置，省去了安装其他类型传感器所必须的支架连接件，节省了空间，安装调试也相对简单省时。其实物图和安装方式如图4-46所示。

图 4-46 磁感应式传感器的实物图和安装方式

4.4.3 参考方案

1. 气动控制回路图

这是一个只有一个执行元件（双作用气缸 1A1）和两步动作（活塞杆伸出和活塞杆缩回）的行程程序控制回路，如图 4-47 所示。

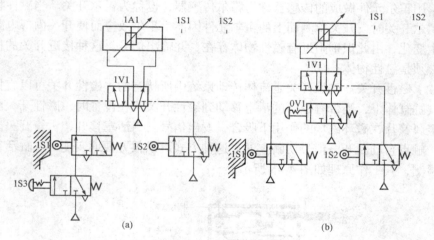

图 4-47 项目任务气动控制回路图
（a）正确的回路；（b）错误的回路

两步动作就应有两个相应的行程发信元件，一个检测活塞杆是否已经完全伸出，一个检测气缸活塞杆是否已经完全缩回。在气动控制回路中采用行程阀作为发信元件。根据要求，定位开关作为启动信号不应去控制气缸的气源，以防止气缸活塞在动作时，因气源被切断而无法回到原位。

在图 4-47 中，行程阀 1S1 和 1S2 除了应画出与其他元件的连接方式外，为说明它们的行程检测作用，还应标明其实际安装位置，图中 1S1 的画法表明在启动之前它已经处于被压下的状态。

2. 电气控制回路

这个项目采用电气方式进行控制时，行程发信元件可以采用行程开关或各类接近开关。和气动控制回路图中的行程阀一样，在图中也应标出其安装位置。应当注意的是：采用行程开关、电容式传感器、电感式传感器、光电式传感器时，这些传感器都用于检测活塞杆前部凸块的位置，所以传感器安装位置应在活塞杆的前方（见图 4-48）；采用磁感应式传感器时，传感器检测的是活塞上磁环的位置，所以其安装位置则应在气缸缸体上。

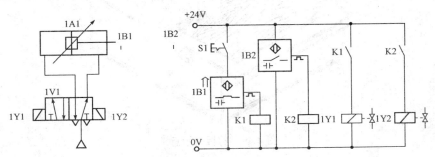

图 4-48　任务 4.4 电气控制回路图（采用电容式传感器）

4.5　剪板机气压传动系统的构建

4.5.1　任务说明

1. 任务引入

如图 4-49 所示剪板机可以对不同大小的板材进行剪裁，其剪切刀具的向下裁切以及返回通过一个双作用气缸活塞杆的伸出和缩回来实现。在防护罩（图中未画出）放下后，按下一个按钮使活塞杆带动刀具伸出。活塞杆伸到头即裁切结束，活塞自动缩回。为保证裁切质量要求刀具伸出时有较高的速度，返回时为减少冲击，速度则不应过快。

2. 任务分析

本任务要求气缸伸出和缩回时速度是不一样的。伸出时，要实现气缸的快速动作，这就要求进气和排气的流量大。缩回时，要求速度比较慢，并且可以调节。为满足动作的要求，需要使用速度控制元件来构建速度控制回路。

4.5.2　理论指导

一、速度控制回路

通常气压传动系统中气缸的速度控制是指气缸活塞从开始运动至其行程终点平均速度的控制。在大多数气动回路中，气动执行元件动作的速度都应该是可调的，如工件或刀具的夹紧，物料的提升或者放下，不同材料的冲压加工等。

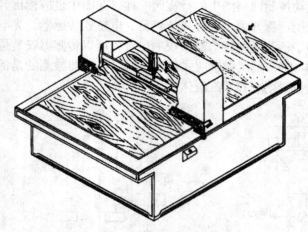

图 4-49 剪板机示意图

二、速度控制回路的实现方法

影响气缸活塞运动速度的因素主要有工作压力、缸径和控制阀与气缸间气管截面积等。要降低气缸活塞的运动速度，一般可以通过选择小通径的控制阀或安装节流阀来实现；通过增加管路的流通截面或使用大通径的控制阀以及采用快速排气阀，都可以在一定程度上提高气缸活塞的运动速度。其中，使用节流阀和快速排气阀均是通过调节进入气缸的压缩空气的流量或气缸空气排出的流量来实现速度控制的。

三、相关元件

1. 节流阀

在气压传动系统中，气动执行元件的运动速度控制可以通过调节压缩空气的流量来实现。从流体力学的角度看，流量控制就是在管路中制造局部阻力，通过改变局部阻力的大小来控制流量的大小。凡用来控制气体流量的阀，均称为流量控制阀，节流阀就属于流量控制阀。

节流阀依靠改变阀的流通面积来调节流量，其阀的开度与通过的流量成正比。为使节流阀适用于不同的使用场合，节流阀的结构有多种，如图 4-50 所示为其中一种常见结构的节流阀。

2. 单向节流阀

单向节流阀是气压传动系统最常用的速度控制元件，也常称为速度控制阀，功能上它可以看成是由单向阀和节流阀并联而成的。它只在一个方向上起流量控制作用，相反方向可以通过单项阀自由流通。利用单向节流阀可以实现对执行元

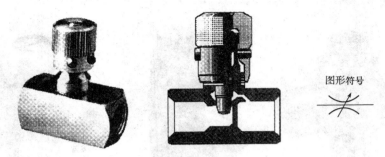

图 4-50　节流阀外形及结构示意图

件每个方向上的运动速度的单独调节。

如图 4-51 所示，压缩空气从单向节流阀的左腔进入时，单向密封圈 3 被压在阀体上，空气只能从由调节螺母 1 调整大小的节流口 2 通过，再由右腔输出。此时单向节流阀对压缩空气起到调节流量的作用。当压缩空气从右腔进入时，单向密封圈在空气压力的作用下向上翘起，使得气体不必通过节流口可以直接流至左腔并输出。此时单向节流阀没有节流作用，压缩空气可以自由流动。在有些单向节流阀的调节螺母下方还装有一个锁紧螺母，用于流量调节后的锁定。其实物图如图 4-52 所示。

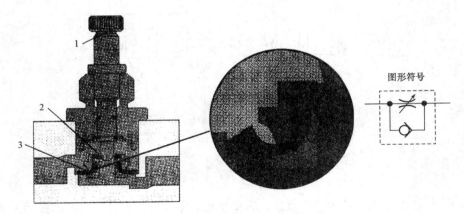

图 4-51　单向节流阀工作原理图
1—调节螺母；2—节流口；3—单向密封圈

四、进气节流调速与排气节流调速

1. 定义

如图 4-53 所示，进气节流指的是压缩空气经节流阀调节后进入气缸，推动活塞缓慢运动；气缸排出的气体不经过节流阀，通过单向阀自由排出。排气节流指的是压缩空气经单向阀直接进入气缸，推动活塞运动；而气缸排出的气体则必须通过节流阀受到节流后才能排出，从而使气缸活塞运动速度得到控制。

图 4-52 单向节流阀实物图

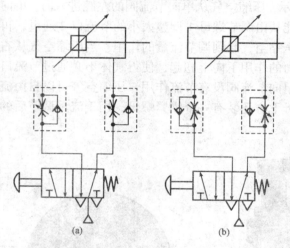

(a)   (b)

图 4-53 进气节流和排气节流气动回路图
(a) 进气节流；(b) 排气节流

2. 比较

采用进气节流的特点如下。

(1) 启动时气流逐渐进入气缸，启动平稳；但如带载启动，可能因推力不够，造成无法启动。

(2) 采用进气节流进行速度控制，活塞上微小的负载波动都会导致气缸活塞速度的明显变化，使得其运动速度稳定性较差。

(3) 当负载的方向与活塞运动方向相同时（负值负载）可能会出现活塞不受节流阀控制的前冲现象。

(4) 当活塞杆受到阻挡或到达极限位置而停止后，其工作腔由于受到节流压力而逐渐上升到系统最高压力，利用这个过程可以很方便地实现压力顺序控制。

采用排气节流的特点如下。

（1）启动时气流不经节流直接进入气缸，会产生一定的冲击，启动平稳性不如进气节流。

（2）采用排气节流进行速度控制，气缸排气腔由于排气受阻形成背压。非气腔形成的这种背压，减少了负载波动对速度的影响，提高了运动的稳定性，使排气节流成为最常用的调速方式。

（3）在出现负值负载时，排气节流由于有背压的存在，可以阻止活塞的前冲。

（4）气缸活塞运动停止后，气缸进气腔由于没有节流，压力迅速上升；排气腔压力在节流作用下逐渐下降到零。利用这一过程来实现压力控制比较困难且可靠性差，一般不采用。

五、快速排气阀

快速排气阀简称快排阀，它通过降低气缸排气腔的阻力，将空气迅速排出达到提高气缸活塞运动速度的目的。其工作原理如图 4-54 所示，实物图如图 4-55 所示。

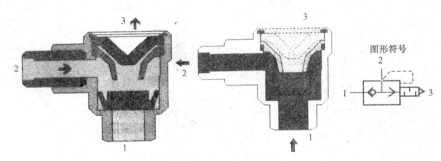

图 4-54 快速排气阀工作原理图

图 4-55 快速排气阀实物图

气缸的排气一般是经过连接管路，通过主控换向阀的排气口向外排出。管路的长度、通流面积和阀门的通径都会对排气产生影响，从而影响气缸活塞的运动速度，快速排气阀的作用在于当气缸内腔体向外排气时，气体可以通过它的大口径排气口迅速向外排出。这样就可以大大缩短气缸排气行程，减少排气阻力，从而提高活塞运动速度。而当气缸进气时，快速排气阀的密封活塞将排气口封闭，不影响压缩空气进入气缸。实验证明，安装快速排气阀后，气缸活塞的运动速度可以提高4~5倍。

使用快速排气阀实际上是在经过换向阀正常排气的通路上设置一个旁路，方便气缸排气腔迅速排气。因此，为保证其良好的排气效果，在安装时应将它尽量靠近执行元件的排气侧。如图4-56所示的两个回路中，图4-56（a）中的气缸活塞返回时，气缸左腔的空气要通过单向节流阀才能从快速排气阀的排气口排出；图4-56（b）中，气缸左腔的空气则是直接通过快速排气阀的排气口排出，因此更加合理。

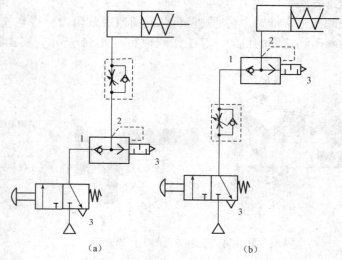

图 4-56　快速排气阀的安装方式
（a）通过单向节流阀排气；（b）直接排气

4.5.3　参考方案

1. 回路图

回路图如图4-57所示。

2. 回路分析

该项目的回路设计采用电气控制方式。通过三个行程开关来保证防护罩放下和对气缸活塞杆位置进行检测。气缸通过安装在有杆腔的快速排气阀来实现活塞的高速伸出。为了减少冲击，气缸返回时在气缸无杆腔安装一个单向节流阀对气缸返回进行节流排气，实现稳定的慢速返回。

在实验中可以将单向节流阀改为进气节流方式进行安装。随着节流口的减小，发现在速度较低时，气缸活塞的缩回会出现时走时停的爬行，这体现了进气节流时带来的活塞运动速度的不稳定。而采用排气节流,在相同的速度下活塞的爬行现象能明显改善,说明了排气节流能使活塞运动获得较好的速度稳定性。

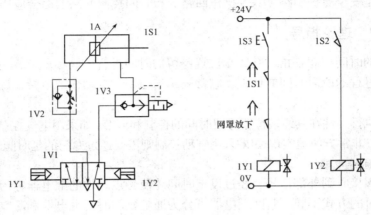

图 4-57　任务 4.5 回路图

4.6　压模机气压传动系统的构建

4.6.1　任务说明

1. 任务引入

如图 4-58 所示为一个气动压膜机用于对塑料件的压模加工。为保证安全气缸活塞由双手同时按下两个按钮后才能伸出,对工件进行压模加工,根据加工的需要,应在 10s 后气缸活塞才能缩回。

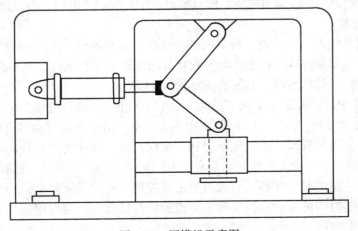

图 4-58　压模机示意图

2. 任务分析

本任务的要求主要有两个，一个是要求实现双手同时按下两个按钮才能伸出，一个是要求能够在行程末端做一定时间的停留，也就是要实现延时。最终的回路应该是安全保护回路（双手操作回路）和时间控制回路的综合应用。

4.6.2 理论指导

气缸的时间控制是指对其终端位置停留的时间进行控制和调节，而不是气动系统动作过程的所需时间的控制。它常被用来控制气缸动作的节奏，调整循环动作的周期。

气动执行元件在其终端位置停留时间的控制和调节，如采用电气控制通过时间继电器可以非常方便地实现；如果采用气动控制则需要通过专门的延时阀来实现。

1. 时间继电器

当线圈接收到外部信号，经过设定时间才使触点动作的继电器称为时间继电器。按延时的方式不同，时间继电器可分为通电延时时间继电器和断电延时时间继电器，其图形符号如图4-59所示。

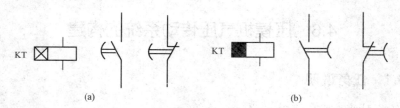

图4-59 时间继电器图形符号
（a）通电延时时间继电器；（b）断电延时时间继电器

通电延时时间继电器线圈得电后，触点延时动作；线圈断电后，触点瞬时复位。断电延时时间继电器线圈得电后，触点瞬时动作；线圈断电后，触点延时复位。

2. 延时阀

延时阀是气动系统中的一种时间控制元件，它是通过节流阀调节气室充气时的压力上升速率来实现延时的。延时阀有常通型和常断型两种，图4-60所示为常断型延时阀的工作原理图，其实物图如图4-61所示。

图4-60中的延时阀由单向节流阀1、气室2和一个单侧气控二位三通换向阀3组合而成。控制信号从口12经节流阀进入气室。由于节流阀的节流作用，使得气室压力上升速度较慢。当气室压力达到换向阀的动作压力时，换向阀换向，输入口1和输出口2导通，产生输出信号。由于从口12有控制信号到输出口2产生信号输出有一定的时间间隔，所以可以用来控制气动执行元件的运动停顿时间。若要改变延时时间的长短，只要调节节流阀的开度即可。通过附加气室还可以进一步延长延时时间。

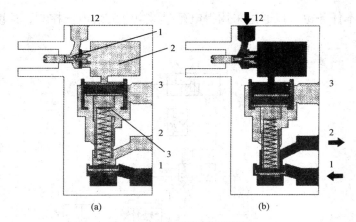

图 4-60 延时阀工作原理图
（a）换向前；（b）换向后
1—单向节流阀；2—气室；3—单侧气控制二位三通换向阀

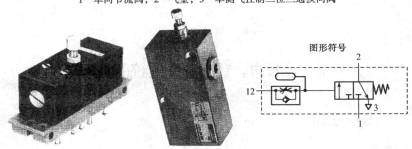

图 4-61 延时阀实物图

当口 12 撤除控制信号，气室内的压缩空气迅速通过单向阀排出，延时阀快速复位。所以延时阀的功能相当于电气控制中的通电延时时间继电器。

4.6.3 参考方案

1. 回路图

任务回路图如图 4-62 所示。

2. 回路分析

为保证安全本任务中的压模机要求采用双手操作，所以用了两个按钮式换向阀。它们通过双压阀相连，双压阀的输出用来控制气缸活塞的伸出，实现了双手操作时两个按纽逻辑"与"的要求。

气缸活塞要求在完全伸出 10s 后缩回，因此延时阀用于启动计时的输入信号应由检测气缸活塞杆是否完全伸出的行程阀发出。

为避免活塞杆伸出过快对工件造成损伤，回路中设置了一个单向节流阀来调节其伸出速度。为提高效率活塞缩回不进行节流控制。

另外，本任务也可以通过采用得电延时继电器实现电气控制，请读者自己考虑如何实现。

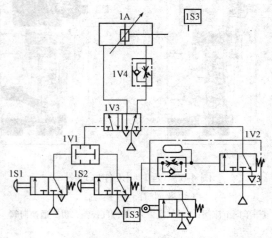

图 4-62　任务 4.6 回路图

4.7　压印机气压传动系统的构建

4.7.1　任务说明

1. 任务引入

利用一个双作用气缸对塑料件进行压印加工（见图 4-63）。当按下按钮时，气缸活塞伸出，当活塞完全伸出时开始对工件进行压印。当压印压力上升到 3bar（3bar=300kPa），则说明压印已经完成，气缸活塞自动缩回。压印压力应可以根据工件材料的不同进行调整。

2. 任务分析

本任务要求以压力作为控制信号，控制气缸的缩回。这就需要用到压力控制元件，构建压力控制回路。

4.7.2　理论指导

一、顺序阀

顺序阀靠调节弹簧压缩量来控制其开启压力的大小，其工作原理如图 4-64 所示。当压缩空气进入 P 口作用在阀芯上，若此力小于弹簧的压力时，阀为关闭状态，T 口无输出。而当作用在阀芯上的力大于弹簧的压力时，阀芯被顶起阀为开启状态，压缩空气由 P 口流入，从 T 口流出，然后输出到气缸或气控换向阀。

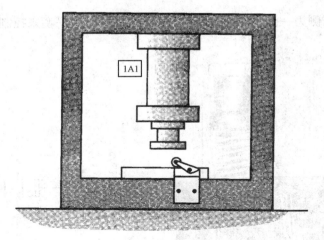

图 4-63 压印机示意图

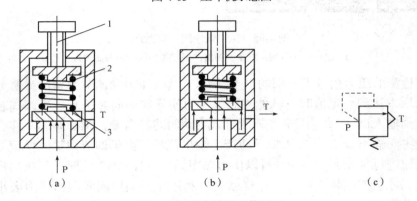

图 4-64 顺序阀的工作原理

(a) T口无输出；(b) T口有输出；(c) 图形符号

二、压力顺序阀和压力开关

压力顺序阀和压力开关都是根据所检测位置气压的大小来控制回路各执行元件动作的元件。压力顺序阀产生的输出信号为气压信号，用于气动控制；压力开关的输出信号为电信号，用于电气控制。

某些气动设备或装置中，因结构限制而无法安装或难以安装位置传感器进行位置检测时，也可采用安装位置相对灵活的压力顺序阀或压力开关来代替。这是因为在空载或轻载时气缸工作压力较低，活塞停止运动时压力才会上升，使压力顺序阀或压力开关产生输出信号。这时它们所起的作用就相当于位置传感器。

1. 压力顺序阀

如图 4-65 所示的压力顺序阀由两部分组成：左侧主阀为一个单气控的二位三

通换向阀；右侧为一个通过调节外部输入压力和弹簧力平衡来控制主阀是否换向的导阀。

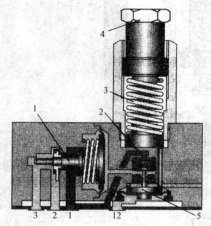
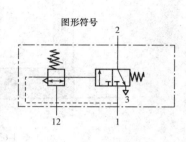

图 4-65　压力顺序阀工作原理
1—主阀；2—导阀；3—调压弹簧；4—调节旋钮；5—导阀阀芯

被检测的压力信号由导阀的口 12 输入，其气压力和调节弹簧的弹簧力相平衡。当压力达到一定值时，就能克服弹簧力使导阀的阀芯抬起。导阀阀芯抬起后，主阀输入口 1 的压缩空气就能进入主阀阀芯的右侧，推动阀芯左移实现换向，使主阀输出口 2 与输入口导通产生输出信号。由于调节弹簧的弹簧力可以通过旋钮进行预先调节设定，所以压力顺序阀只有在口 12 的输入气压达到设定压力时，才会产生输出信号。这样就可以利用压力顺序阀实现由压力大小控制的顺序动作。

2. 压力开关

压力开关是一种当输入压力达到设定值时，电气触点接通，发出电信号；输入压力低于设定值时，电气触点断开的元件。压力开关常用于需要进行压力控制和保护的场合。这种利用气信号来接通和断开电路的装置也称为气电转换器，气电转换器的输入信号是气压信号，输出信号是电信号。应当注意的是让压力开关触点吸合的压力值一般高于让触点释放的压力值。

在如图 4-66 所示的压力开关工作原理图中可以看到，当 X 口的气压力达到一定值时，即可推动阀芯克服弹簧力右移，而使电气触点 1、2 断开，1、4 闭合导通。当压力下降到一定值时，则阀芯在弹簧力作用下左移，电气触点复位。给定压力同样可以通过调节旋钮设定。压力顺序阀、压力开关的实物图如图 4-67 所示。

三、压力控制回路

在工业控制中，如冲压、拉伸、夹紧等很多过程都需要对执行元件的输出力进行调节或根据输出力的大小对执行元件的动作进行控制。这不仅是维持系统正常工作所必需的,同时也关系到系统的安全性、可靠性以及执行元件动作能否正常实现等多个方面。因此压力控制回路也是气压传动控制中除方向控制回路、速度控制回路以外的一种非常重要的控制回路。

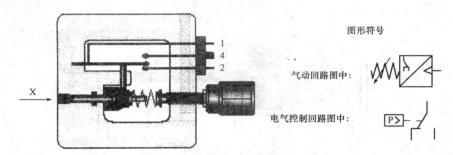

图 4-66 压力开关工作原理图

图 4-67 压力顺序阀、压力开关实物图
(a)压力顺序阀;(b)压力开关

1. 压力控制的定义

压力控制主要指的是控制、调节气动系统中压缩空气的压力,以满足系统对压力的要求。

2. 压力控制回路的实现

如图 4-68 中,当双作用气缸伸出时,在不考虑摩擦力、运动加速度和排气压力 P_2 等因素时,输出力 F 等于供气压力(工作压力)和无杆腔活塞有效作用面积的乘积,即

$$F = P_1 A_1 \tag{4-1}$$

由式(4-1)可以得到,气动技术中气缸的输出力是其工作压力与其活塞有效作用面积的乘积,也就是说气缸所产生的输出力正比于气缸的缸径和工作压

力。在保持工作压力不变的情况下，通过选择不同缸径的气缸可以得到不同大小的输出力，但气缸缸径规格是由生产厂家决定，不可能任意选择，所以要比较精确的设定或调整输出力大小，就必须利用压力控制元件调压阀来调节气缸的工作压力。

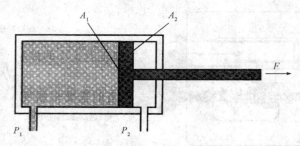

图 4-68　双作用气缸输出力示意图

除了调压阀，为了限定系统最高压力，防止元件和管路损坏，还需要能在出现超过系统最高设定压力时自动排气的安全阀。此外在实际生产应用中，比如在进行冲压、模压、夹紧或吸持工件时还可以通过采用专门的压力控制元件，根据气动执行元件的工作压力大小来进行动作控制。

3．压力控制回路

如图 4-69（a）所示为最基本的压力控制回路，由气源调节装置、过滤器、减压阀（工作原理见任务 4.8）和油雾器组成。该回路用减压阀来实现气动系统气源的压力控制。如图 4-69（b）所示为一条可以提供两种压力的调压回路，气缸有杆腔内的压力由调压阀 5 调定，无杆腔内的压力由调压阀 4 来调定（工作原理见 4.2.8）。

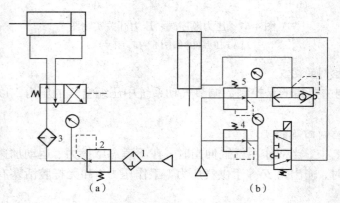

图 4-69　常用的调压回路

（a）最基本的压力控制回路；（b）可提供两种压力的调压回路

1—过滤器；2、4、5—减压阀；3—油雾器

4.7.3 参考方案

1. 回路图

其气动控制回路图及电气控制回路图如图 4-70、图 4-71 所示。

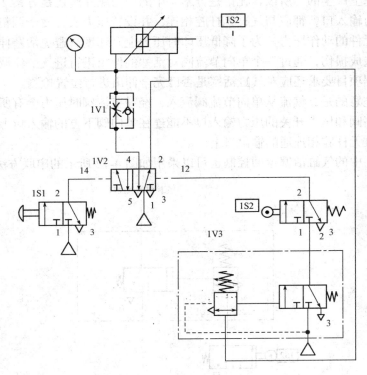

方案（1）气动控制

图 4-70　任务 4.7 气动控制回路图

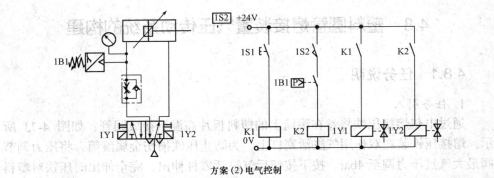

方案（2）电气控制

图 4-71　任务 4.7 电气控制回路图

2. 回路分析

本项目采用两种控制方案，方案 1 为利用压力顺序阀实现的气动控制；方案 2 为利用压力开关实现的电气控制。

在这个项目中需检测的压印压力为 3bar，这个压力是由气缸无杆腔中的气压作用在活塞上产生的。所以，无论是方案 1 中的压力顺序阀还是方案 2 中的压力开关的压力输入口，都应与气缸无杆腔相连，并设置压力表，便于调整和观察这两种控制元件的动作压力。为了降低压印时压力上升速度，避免活塞伸出速度过快对工件造成损伤，通过一个单向节流阀对活塞的伸出进行进气节流调速。除此之外，根据项目要求还应对气缸活塞是否已完全伸出进行位置检测。

应当注意的是，气流从单向节流阀流入，经过节流阀时压力会有所损失，所以压力顺序阀和压力开关的压力输入口不能连在单向阀下方的输入口上，而应连在其与气缸无杆腔相连通的输出口上。

方案 1 中的气缸活塞返回控制也可以采用如图 4-72 所示的串联方法。

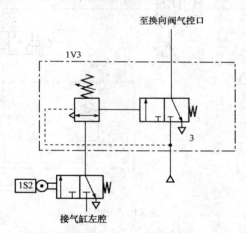

图 4-72　方案 1 的另一种返回控制方法

4.8　塑料圆管熔接装置气压传动系统的构建

4.8.1　任务说明

1. 任务引入

通过电热熔接压铁将卷在滚筒上的塑料板片高温熔接成圆管，如图 4-73 所示。熔接压铁装在双作用气缸活塞杆上，为防止压铁损伤金属滚筒，将压力调节阀最大气缸压力调至 4bar。按下按钮后气缸活塞杆伸出，完全伸出时压铁对塑料板片进行熔接。气缸活塞的回程运动只有在压铁到达设定位置，且压力达到 3bar

时才能实现。

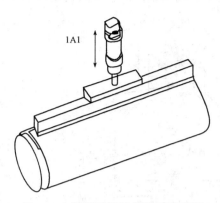

图 4-73 塑料圆管熔接装置示意图

为保证熔接质量，对气缸活塞杆的伸出进行节流控制。调节节流阀，使控制压力在气缸活塞杆完全伸出 3s 后才增至 3bar，这时塑料板片在高温和压力的作用下熔接成了一个圆管。

新的一次熔接过程必须在气缸活塞完全缩回 2s 后才能开始。通过一个定位开关可将这个加工过程切换到连续自动循环工作状态。

2. 任务分析

本任务是一个综合性强、回路相对复杂的项目。为进一步理解各种气动控制元件的作用和使用方法，本任务可以采用气动控制方法来解决。

在进行回路设计时，可以把众多的控制要求分割成若干个小部分进行分析。首先考虑气缸活塞伸出的控制。按下按钮或定位开关以及气缸完全缩回满 2s。这里按钮和定位开关都可以启动气缸的动作，所以它们的关系显然是"或"的关系，可以通过梭阀来连接这两个元件。梭阀的输出，即为按钮与定位开关这两个元件均有信号输出后，气缸才能伸出，所以这两个条件又是"与"的关系，这可以通过双压阀或串联方式连接来实现。即假设按钮信号为条件 X，定位开关信号为条件 Y，延时信号为条件 Z，则控制气缸活塞伸出的条件 $A = (X+Y)Z$。

4.8.2 理论指导

调压阀（减压阀）

在气动传动系统中，一个空压站输出的压缩空气往往要供给多台气动设备使用，因此它所提供的压缩空气压力应高于每台设备所需的最高压力。调压阀的作用是将较高的输入压力调整到符合设备使用要求的压力并输出，并保持输出压力的稳定。由于输出压力必然小于输入压力，所以调压阀也常被称为减压阀。

根据调压方式的不同，调压阀可分为直动式调压阀和先导式减压阀两种。如

图 4-74、图 4-75 所示为一种较为常用的直动式调压阀的结构图及实物图。

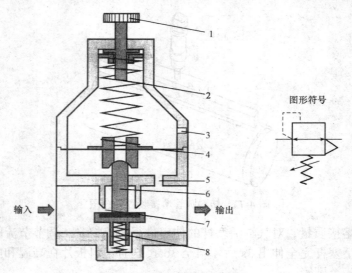

图 4-74 调压阀结构示意图

1—调压螺丝；2—调压弹簧；3—溢流口；4—膜片；5—反馈管；
6—阀芯；7—阀口；8—复位弹簧

图 4-75 调压阀实物图

当顺时针旋紧调节螺丝 1 时，调压弹簧 2 被压缩，推动膜片 4 和阀芯 6 下移，阀口 7 开启，减压阀输出口、输入口导通。阀口具有节流作用，气流流经阀口后压力降低。输出气压通过反馈管 5 作用在膜片上，产生向上的推力。当这个推力和调压弹簧的作用力相平衡时，调压阀就获得了稳定的压力输出。通过旋紧或旋松调节螺丝就可以得到不同的阀口大小，也就得到不同的输出压力。为了调节方便，经常将压力表直接安装在调压阀的出口。

假设输出压力调定后，当输入压力升高，输出压力也随之相应升高，膜片上移，阀口开度减小。阀口开度的减小会使气体流过阀口时的节流作用增强，压力损失增大，这样输出压力又会下降至调整值。反之，若输入压力下降阀口开度则会增加，使输出压力仍能基本保持在调定值上，实现了调压阀的稳压作用。

溢流口 3 的作用是，不管膜片上移或下移，膜片上方的腔体气体压力始终等于大气压。

4.8.3 参考方案

1. 回路图

其回路图如图 4-76 所示。

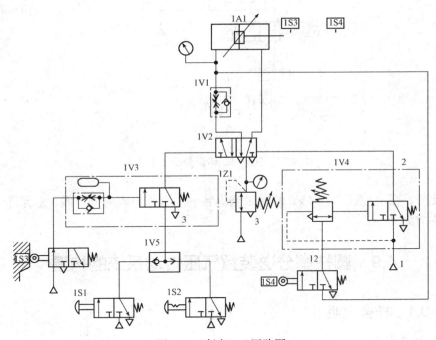

图 4-76　任务 4.8 回路图

2. 回路分析

如果按图 4-77 对伸出控制部分的元件进行连接，启动后气缸活塞动作看似没有什么不同，但它与项目中的要求不是完全相符的。仔细分析就会发现，图 4-77 中延时阀的延时启动不仅需要气缸回缩到位后由 1S3 发出的信号，还需要按钮或定位开关发出的信号。即在用按钮启动伸出时，要使延时阀产生输出，按钮就必须要持续按下满 2 s，显然不符合项目的控制要求，也不能符合生产实际的需要。

其次考虑气缸活塞返回的控制，返回条件有两个，一是活塞杆完全伸出，另一个是熔接压力达到 3bar，因此就需要一个检测气缸是否完全伸出的行程阀和一个检测气缸无杆腔压力的压力顺序阀。这两个阀的输出之间是"与"的关系，可用双压阀或串联连接实现。

要满足项目要求的 3s 后压力上升到 3bar，可通过调节安装在气缸的无杆腔侧的单向节流阀的开度，降低无杆腔压力上升速度来实现。

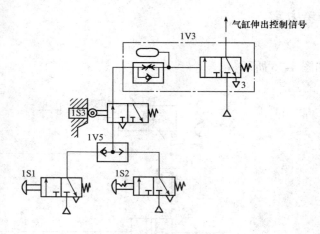

图 4-77 任务 4.8 错误分析示意图

此外，在主控换向阀 1V2 的气源侧应装一个带压力表的调压阀，来保证气缸最高压力为 4bar。

4.9 圆柱塞分送装置气压传动系统的构建

4.9.1 任务说明

1. 任务引入

如图 4-78 所示，利用两个气缸的交替伸缩将圆柱塞两个两个地送到加工机上进行加工。启动前气缸 1A1 活塞杆完全缩回，气缸 2A1 活塞杆完全伸出，挡住圆柱塞，避免其滑入加工机。按下启动按钮后，气缸 1A1 活塞杆伸出，同时气缸 2A1 活塞杆缩回，两个圆柱塞滚入加工机中。2s 后气缸 1A1 缩回，同时气缸 2A1 伸出，一个工作循环结束。

为保证后两个圆柱塞只有在前两个加工完毕后才能滑入加工机，要求下一次的启动只有在间隔 5s 后才能开始。系统通过一个手动按钮启动，并用一个定位开关来选择工作状态是单循环还是连续循环。在供电或供气中断后，分送装置须重新启动，不得自行开始动作。

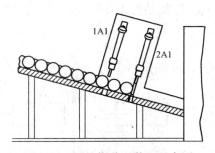

图 4-78　圆柱塞分送装置示意图

2. 任务分析

根据控制要求，气缸 1A1 和 2A1 的活塞在工作过程中始终同步做相反的动作。

4.9.2　参考方案

1. 电气控制回路图

电气控制回路图如图 4-79 所示。

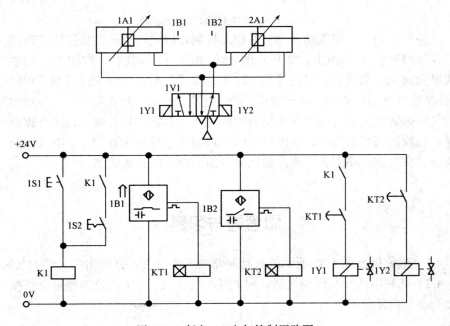

图 4-79　任务 4.9 电气控制回路图

该装置只能通过一个手动按钮启动，定位开关只有选择工作状态的作用，而不具有启动作用。停电后，装置应自动停止；恢复供电后，装置要重新启动才能开始工作。上述功能可采用电气控制中常用的自锁回路实现。手动按钮 1S1 用于装置的启动，定位开关 1S2 控制是否建立自锁。如自锁建立，则装置进入自动连续循环工作状态。

2. 气动控制回路

气动控制回路图如图 4-80 所示。

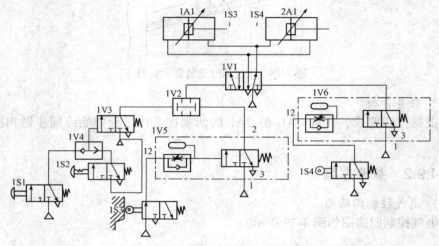

图 4-80　任务 4.9 气动控制回路图

任务 4.9 如果采用气动控制，其启动控制可以通过将电气自锁回路转换为气动自锁回路来实现。如图 4-79 所示的 24V 电源用气源代替；按钮 1S1 用手动按钮式换向阀 1S1 来代替；定位开关 1S2 用定位式手动换向阀 1S2 代替。中间继电器 K1 功能为线圈得电后，常开触点闭合；线圈断电后，触点断开。在气动回路中单侧气控弹簧复位换向阀 1V3 也具有相同功能，其输入口与输出口在有控制信号时导通；控制信号消失时，输入口与输出口断开。应当注意的是，电气回路中的并联连接在气动回路中必须通过梭阀来替换，而不能直接使用。

思考题与习题

4.1　试分析如图 4-81 所示的气动回路的工作过程，并指出各元件的名称。

4.2　试利用两个双作用气缸，一个气动顺序阀，一个二位四通单电控换向阀组出顺序动作回路。

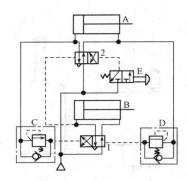

图 4-81（题 4.1 图）

4.3 试设计一个双作用气缸动作之后单作用气缸才能动作的连锁回路。

4.4 试用两个梭阀组成一个能在三个不同场所均可操作气缸的气动回路。

4.5 试利用双杆双作用气缸，设计一个既可使气缸在任意位置停止，又能使气缸处于浮动状态的气动回路，并说明其工作原理。

4.6 如图 4-82 所示为卷取机构，其工作要求为：随着卷绕直径的增大，安装在轴承下的凸轮 4 将自动调整减压阀 5 的输出压力，改变气缸的推力，从而使压紧力始终保持在某恒定值上。试根据以上的工作要求，设计出该系统气动控制回路。

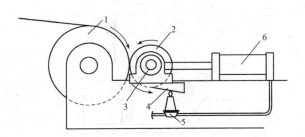

图 4-82（题 4.6 图）

4.7 如图 4-83 所示为钻床示意图，工件用气动装置固定在一个专用虎钳上，夹紧力的大小和夹紧装置的速度需要调节，试根据工作要求完成对钻床气动夹紧装置控制回路的设计。

4.8 如图 4-84 所示为全自动包装机中压装装置的工作示意图。它的工作要求为：当按下启动按钮后，气缸对物品进行压装。当物品压实后，气缸停留一段时间再回缩进行第二次压装，一直如此循环，直到按下停止按钮后气缸才停止工作。另外，当工作位置上没有物品时，气缸压装到 a_1 位置后也要收回。同时要求气缸在压装的过程中速度可以进行调节。要求设计该检测装置的控制回路图。

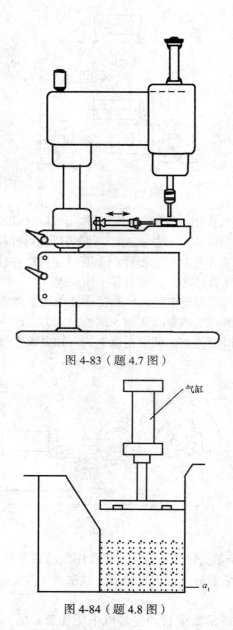

图 4-83（题 4.7 图）

图 4-84（题 4.8 图）

4.9 如图 4-85 所示为流水线上检测装置的工作示意图，圆形工作台上有 6 个工位，气缸 B 是检测气缸，用表对工件进行检测；气缸 A 是工作气缸，它每伸出一次，使工作台转过一定的角度。检测装置的工作要求是：气缸 A 伸出→气缸 B 伸出→气缸 A 退回→气缸 B 退回。试设计该检验装置的控制回路图。

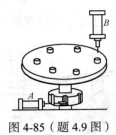

图 4-85（题 4.9 图）

4.10 试说明如图 4-86 所示的回路具有什么功能。

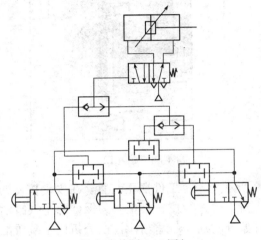

图 4-86（题 4.10 图）

4.11 试分析如图 4-87 所示的回路在启动后各缸如何动作。

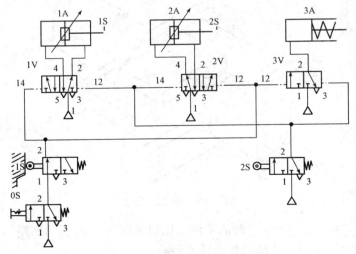

图 4-87（题 4.11 图）

4.12 试分析如图 4-88 所示的先导式行程阀是如何实现换向的。

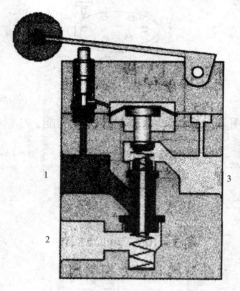

图 4-88（题 4.12 图）

4.13 如图 4-89 所示为一个工件摆正装置。在手动按钮的作用下，两个单作用气缸活塞同时伸出对工件进行位置摆正。为保证两个气缸活塞都能伸出到位，要求气缸活塞伸出开始计时后 2s 才能退回。试分析这个装置的气动控制回路应怎样进行设计。

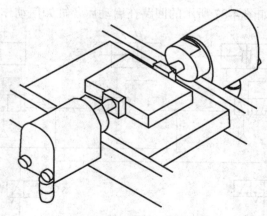

图 4-89（题 4.13 图）

4.14 如果任务 4.8 中气缸活塞伸出控制采用图 4-90 所示回路，试分析其中存在哪些错误，会对动作造成什么样的影响。

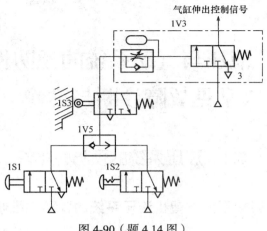

图 4-90（题 4.14 图）

第5章 液压与气动系统的预防性维修、常见故障诊断与维修

5.1 液压系统的预防性维修

5.1.1 海天天翔系列注塑机液压系统的预防性维修

1. 任务说明

注塑机是塑料加工业中普遍使用的设备之一，由机械、液压、电器、专用配套件等按照注塑加工工艺技术的需要，有机地组合在一起，自动化程度高，相互之间关联紧密。注塑机可3班24小时连续运转，如图5-1所示即为注塑机。

图5-1 注塑机外观图

为保证注塑机处于完好状态，严格控制注塑机因故障造成的停机，延长它的使用寿命，减少维修费用，要求定期对设备进行预防性维修。

本任务要求针对海天天翔系列注塑机液压系统，制定合理的预防性维修方案，并加以实施。

2. 任务分析

设备是现场人员战斗的"武器"，"武器"的状态直接影响到现场人员的生产效率、员工士气与产品质量。而作为使用、设备维修和管理部门，是等"武器"坏了再停工抢修，还是随时监测与预防，以达到零非计划停机、零速度损失、零废品的目标？显然应当选择后者。

预防性维修是指为了防止系统发生故障，在故障发生前有计划地进行一系列的维修工作。进行预防性维修的出发点是降低企业成本，通过进行预防性维修的低成本投入，减少停机时间，从而节省维修成本以及因维修造成的其他生产成本支出。

5.1.2 理论指导

液压系统的预防性维修主要针对液压油和液压元件两方面。

1. 液压油的预防性维修

研究表明,液压系统 80%的故障与液压油有关,液压油的污染是液压系统最主要的失效根源。合理地选择液压油,并合理地使用和维护,可以有效地提高液压油设备的工作性能和使用寿命。液压油的预防性维修主要从以下几个方面进行:

(1)选择正确的液压油。在液压系统中,目前使用最多的是矿油型液压油。选用液压油时最先考虑的是它的黏度(黏度既影响泄漏,也影响功率损失),同时再兼顾其他方面。选择时应注意的事项如下:

①液压泵的类型。在液压系统中,液压泵的润滑要求最苛刻,选择液压油黏度时应考虑液压泵的类型及其工作环境。如表 5-1 所列为不同温度几种液压泵用油黏度推荐值。

表 5-1 几种液压泵用油黏度推荐值 mm^2/s

	50℃运动黏度		40℃运动黏度	
工作温度/℃	5~40	40~80	5~40	40~80
齿轮泵	17~40	63~88	23~68	105~150
轴向柱塞泵	25~44	40~98	40~73	68~170
径向柱塞泵	17~62	37~154	23~103	60~255
叶片泵 7MPa 以上	17~29	25~44	23~45	40~73
叶片泵 7MPa 以下	31~40	37~54	50~68	60~86

②环境温度。环境温度较高时宜选用黏度高些的液压油。北方地区气温较低时,可考虑采用低温液压油。

③运动速度。工作部件运动速度较高时,为减小液流的功率损失,宜选用黏度较低的液压油。

④液压系统的工作压力。工作压力较高的系统宜选用黏度较高的液压油,以减少泄漏;反之便选用黏度较低的油。

(2)防止污染物的进入。液压系统中油液污染物的控制是一个主要工作。系统在工作之前的试运转时,应冲洗彻底,以达到规范要求。对元件安装前,应清洗干净再装入系统中,在系统工作之前一定要把杂质消除掉。在使用过程中,为防止杂质通过往复伸缩的活塞杆进入系统,一定要加装防护套。对于流回系统的泄漏油,应经过过滤后再流回油箱。对于工作过程中系统本身不断产生的污染物的清除与控制需要使用过滤器,需通过经常清洗液压系统中的过滤器来控制污染物的增加。过滤器需要精心保养和及时维护,否则就不能起到应有的作用。

(3)控制液压油温度。液压油温度过高,会使密封件变质和油液氧化至失效,会引起腐蚀和形成沉积物，以至堵塞阻尼孔和加速阀的磨损，过高的温度将使阀、泵卡死，高温还会带来安全问题。借助对油箱内油温的检查，可以在严重的危害未发生前使系统故障得以消除。液压油温度控制一般由系统冷却器来实现。如果使用冷却器不能达到这一效果，则需清洗或更换冷却器。

（4）防止空气和水分的进入。空气混入液压油中除了加快氧化作用外，它还会引起液压系统发生噪声、气蚀、振动，促使油液变质、元件动作失灵。预防的措施为：回油管应插入油面以下，泵吸入油口应远离回油管。泵的吸油管路应密封好，如果液压系统中有空气混入，在工作前应及时放气，在油缸上以及设备的最高处都设有放气孔，应排放完空气后再工作，以确保液压油不受空气污染。

水对液压油的最主要影响是降低其润滑性，溶于液压油中的微量水能腐蚀、锈蚀金属，加速高应力部件的磨损；能与液压油起反应，形成酸、胶质和油泥，也能析出油中的添加剂水；还能造成控制阀的黏结，在泵入口或其他低压部位产生气蚀损害。预防的措施为：

① 加强系统密封措施、防止水进入。

② 油箱呼吸孔装干燥器。

③ 如果油中的水分含量超标，只有重新换油。

2. 液压元件的预防性维修

液压元件使用过程中不可避免地会发生故障，故障的发生频率与日常使用维护和保养的好坏有着密切的关系。

为了能使液压元件长期保持良好的工作状态和较长的使用寿命，应采取以下预防措施。

（1）检查各液压泵、阀、液压缸及管接头是否有外漏。

（2）检查液压泵和液压马达运转时是否有异常噪声等现象。

（3）检查液压缸、阀的工作是否正常、平稳。

（4）检查换向阀是否灵敏、可靠。

（5）行程开关或限位挡块的位置是否有变动。

总之，对液压与气动系统的预防性维修，要从平时的日常点检开始，注重系统检查和维修工作的细节，在故障早期就将引起故障的各种因素消除。同时，为降低液压系统无计划故障停机率、液压油、密封件、过滤器等执行定期更换制。确保系统发挥更大的效益，实现故障为零的目标。

5.1.3 实施建议

海天天翔系列注塑机是海天通用液压机系列之一，具有性价比高，性能稳定的特点，现已成为国内外最畅销的机型之一。其液压系统的主要液压单元有：低噪音变量泵系统、高精度旁路滤油器、油温偏差报警功能、油箱液位计、油箱滤芯阻塞报警功能（≥2500kN）、液压油冷却装置、自封式油箱滤油器（≥2500kN）

对海天天翔系列注塑机液压系统的预防性维修主要从以下几个方面进行。

（1）维持适当的液压油量。日常可通过油箱液位计，检查油箱的油量，当液面高度低于一定值时，及时补给。同时，留意检查是否有泄漏的部位，及早更换磨损的密封件，收紧松动的接头等。

（2）保持合适的液压油温度。密切注意液压油的工作温度，液压系统的理想工作温度应介于 45℃~50℃之间。该液压系统具有油温偏差报警功能，当油温过高时会自动报警。油温过高的原因多样，但多归于油路故障或冷却系统的失效等。

（3）保证液压油油质。要使用合适的液压油，推荐使用抗磨液压油，并定期检查液压油的污染程度。液压油污染程度的测定有条件的情况下，可用各种仪器测试液压油的污染程度；但在生产现场，往往没有专门的仪器来测试液压油受污染的程度，大多用眼看、鼻闻的方法直接观察液压油的污染程度。如表 5-2 所列为液压油污染的目测项目及判断、处理措施。

表 5-2 液压油污染的目测项目及判断、处理措施

外观颜色	气味	污染情况	处理措施
颜色透明	正常	良好	继续使用
透明	但已变淡	正常	混入别种油液，检查黏度，如符合要求，继续使用
变成乳白色	正常	混入空气和水分	分离水分，部分换油或全部换油
变成黑褐色	有臭味	氧化变质	全部换油
透明有小黑点	正常	混入杂质	过滤后使用或换油
透明而闪光	正常	混入金属粉末	过滤或换油，并检查原因

海天天翔系列注塑机液压系统采用超细高精度旁路滤油器，可提高换油周期 3 到 10 倍，使液压油具有超长的使用寿命，但超过一定数量的工作小时后主动换油是绝对必要的。

（4）清洗滤油器。滤油器起到洁净液压油的作用，因此滤油器应定期清洗，以保持油泵吸油管畅通，同时检查滤油网是否损坏。该液压系统采用自封式油箱滤油器，滤油器内设置自封阀等装置，当更换、清洗滤芯或维修系统时，只需旋开过滤器端盖（清洗盖），此时自封阀会自动开闭，隔绝油箱油路，使油箱油液不会向外流出，从而使清洗、更换滤芯或维修系统非常方便。

（5）清洗冷却器。冷却器应定期或者依据其工作能力是否降低而清洗，冷却器内部堵塞或积垢均将影响冷却效率，冷却用水应选择软性的（无矿物质）为佳。

（6）定期更换易损零件。及时更换已老化或磨损的零件，适当的调整和润滑以及适当的环境条件（温度、湿度、尘埃附着）都可以延长零件的寿命。如油缸油封磨损，会造成注塑机射胶量不稳定，此时应及时更换油封。

（7）严格执行日常点检制度。为提高设备的完好率，使设备发挥最大效率，需要建立、健全相应的日点检、日巡检、定期检查、定期静态精度检查等一系列管理措施及制度，并严格执行日常的点检制度。日常点检内容可参考表 5-3。

表 5-3 注塑机日常点检表

设备名称：液压注塑机		设备编号										号机									日期						年	月					
编号	点检项目与内容	1	2	3	4	5	6	7	8	9	10	11	12	13	14	15	16	17	18	19	20	21	22	23	24	25	26	27	28	29	30	31
开机时间（填写开始使用的具体时间）																																
1	打开电源，检查各指示灯和仪表显示是否正常？																															
2	马达、油泵正常运转时有无异常噪音震动？																															
3	手动、半自动运转时各活动部件是否正常动作？																															
4	检查油温是否在25℃~50℃之间？																															
5	模具和机台冷动水是否畅通？各接头部位是否漏水？																															
6	检查各活动部位是否活动灵活？机器是否有漏油现象？																															
7	检查各辅机（如模温机）工作是否正常？																															
8	停机后，完成机器和模具的清理与防锈工作																															
停机时间（填写停止使用时的具体时间）																																
设备日利用时间（填写时间区间）																																
故障停机时间（小时）																																
点检人员（操作工）																																
确认者（车间主管）																																

故障描述及处理措施	

周点检及保养项目	一周	二周	三周	四周	五周	主要实施项目	月实施情况
1	监督执行日点检，保养情况						1. 执行每日、每周点检保养情况	
2	目测油箱及润滑油油量，不得低于警戒线						2. 清洁设备各部位污垢，向各继器易生锈部位抹防锈油	
3	清洁设备各部位的灰尘和污渍						3. 向导柱、导套等运动部位抹油	
点检人员							4. 检查油箱液压油是否低于最低警戒线，是否添加	
确认者							确认者（公司主管）	

设备月故障停机时间（小时）		设备月故障率（%）	
A.			

说明	1. 每日上班前半小时内完成日点检工作，不使用不做，点检并将该天的日期圈掉	记录符号：√表示良好　×表示异常
	2. 每周最后一个工作日进行保养　B.	保养人员和主管人员应按时签字确认
	3. 月实施情况由公司主管在每月1日完成　C.	本表要求车间主管切实落实、实施，如实填写，有问题立即汇报主管
	4. 需数字记录的必须如实数值　D.	每月一号将上月完成的表单交由公司主管部门存档，并领取新单填写

5.2 气压系统的预防性维修

5.2.1 H400型卧式加工中心气压传动系统的预防性维修

1. 任务说明

加工中心是典型的集高新技术于一体的机械加工设备，它具有工序集中、对加工对象的适应性强、加工精度高、加工生产率高、经济效益高、有利于生产管理的现代化等特点。但加工中心价格普遍比较昂贵，维修难度大且费用高。

如何使加工中心保持良好的技术状态，延缓劣化进程，并及时发现和消灭故障隐患，保证安全运行？

本任务要求了解并分析H400型卧式加工中心的工作情况，针对其气压传动系统，制定合理的预防性维修方案，并加以实施。

2. 任务分析

H400型卧式加工中心气压系统主要包括松刀汽缸、双工作台交换、工作台夹紧、鞍座锁紧、鞍座定位、工作台定位面吹气、刀库移动、主轴锥孔吹气等几个气压传动支路。

对气压系统的预防性维修，是保持气压系统长期可靠运行的基础。一方面，可保证机床的加工精度，另一方面，可延长机床的使用寿命，从而减少维修量，降低维修成本。

5.2.2 理论指导

气压系统预防性维修主要针对压缩空气和气动元件两方面进行。

1. 压缩空气污染的预防性维修

压缩空气的质量对气动系统性能的影响极大，压缩空气的污染主要来自水分、油分和粉尘三个方面。水分会使管道、阀和气缸腐蚀；油分会使橡胶、塑料和密封材料变质；粉尘会造成阀体动作失灵。针对上述问题，应采取以下预防措施：

（1）及时排除系统各排水阀中积存的冷凝水，经常注意自动排水器、干燥器的工作是否正常，定期清洗空气过滤器、自动排水器的内部元件等。

（2）清除压缩空气中油分，较大的油分颗粒，通过除油器和空气过滤器的分离作用同空气分开，从设备底部排污阀排除。较小的油分颗粒，则可通过活性炭吸附作用清除。

（3）及时清洁、清扫、擦拭设备，注意保护、保持环境的清洁和保持良好的通风；选用合适的过滤器，可减少和清除压缩空气中的粉尘。

2. 气动元件的预防性维修

（1）适度的润滑。气动系统中从控制元件到执行元件，凡有相对运动的表面都需要润滑。如润滑不良，会使摩擦阻力增大、密封面磨损、生锈等。摩擦阻力增大会导致元件动作不良；密封面磨损会引起系统泄漏。预防措施：

保证空气中含有适量的润滑油。润滑的方法一般采用油雾器进行喷雾润滑，油雾器一般安装有过滤器和减压阀。润滑油的性质直接影响润滑效果。通常，高温环境下用高黏度润滑油，低温环境下用低黏度润滑油。如果温度特别低，为克服起雾困难可在油杯内装加热器。供油量是随润滑部位的形状、运动状态及负载大小而变化。供油量需大于实际需要量，一般以每 $10m^3$ 自由空气供给 1mL 的油量为基准。检查润滑是否良好的一个方法是用一张白纸放在换向阀的排气口附近，如果阀在 3~4 个循环后，白纸上只有很轻的斑点，表明润滑良好。

（2）保持密封性。泄漏不仅增加能量的消耗，也会导致供气压力的下降，甚至会造成气动元件的工作失常。严重的漏气在气压系统停止运行时，由漏气引起的响声很容易发现；轻微的漏气则可应用仪表，或用涂抹肥皂水的办法进行检测。

（3）保证气动元件中运动零件的灵敏性。从空气压缩机排出的压缩空气，包含有粒度为 0.01~0.08μm 的压缩机油微粒，在高温下，这些油粒会迅速氧化，黏性增大，并逐步液态固化成油泥。当它们进入到换向阀后便附在阀心上，使阀的灵敏度逐步降低，甚至出现动作失灵。为了清除油泥，保证灵敏度，可在气动系统的过滤器后，安装油雾分离器，将油泥分离出来。此外，定期清洗阀也可以保证阀的灵敏度。

（4）制订和建立必要的定期保养制度。各类机床因其功能，结构及系统的不同，各具不同的特性。其维护保养的内容和规则也各有其特色，具体应根据其机床种类、型号及实际使用情况，并参照机床使用说明书要求，制订和建立必要的定期保养制度。具体内容可参照表 5-4。

表 5-4 气动元件的定检表

元件名称	点 检 内 容
气缸	1. 活塞杆与端面之间是否漏气 2. 活塞杆是否划伤、变形 3. 管接头、配管是否划伤、损坏 4. 气缸动作时有无异常声音 5. 缓冲效果是否合乎要求
电磁阀	1. 电磁阀外壳温度是否过高 2. 电磁阀动作时，工作是否正常 3. 气缸行程到末端时，通过检查阀的排气口是否有漏气来确诊电磁阀是否漏气 4. 紧固螺栓及管接头是否松动 5. 电压是否正常，电线是否损伤 6. 通过检查排气口是否被油润湿，或排气是否会在白纸上留下油雾斑点来判断润滑是否正常

续表

元件名称	点检内容
油雾器	1. 油杯内油量是否足够，润滑油是否变色、混浊，油杯底部是否沉积有灰尘和水 2. 滴油量是否合适
调压阀	1. 压力表读数是否在规定范围内 2. 调压阀盖或锁紧螺母是否锁紧 3. 有无漏气
过滤器	1. 储水杯中是否积存冷凝水 2. 滤芯是否应该清洗或更换 3. 冷凝水排放阀动作是否可靠
安全阀及压力继电器	1. 在调定压力下动作是否可靠 2. 校验合格后，是否有铅封或锁紧 3. 电线是否损伤，绝缘是否可靠

上述各项检查和修复的结果应记录下来，以作为设备出现故障时查找原因和设备大修时的参考。

5.2.3 实施建议

H400 型卧式加工中心气压传动系统要求提供一定压力的压缩空气。压缩空气通过管道连接到气压传动系统的调压、过滤、油雾气压传动三联件。经过气压传动三联件后，得以干燥、洁净并加入适当润滑用油雾，然后提供给后面的执行机构使用，从而保证整个气动系统的稳定安全运行，避免或减少执行部件、控制部件的磨损而使寿命降低。

对 H400 型卧式加工中心的预防性维修主要从以下几个方面进行。

1. 管路系统点检

主要内容是对冷凝水和润滑油的管理。冷凝水的排放，一般应当在气动装置运行之前进行。但是当夜间温度低于 0℃时，为防止冷凝水冻结，气动装置运行结束后，应开启放水阀门排放冷凝水。补充润滑油时，要检查油雾器中油的质量和滴油量是否符合要求。此外，点检还应包括检查供气压力是否正常，有无漏气现象等。

2. 气动元件的定检

主要内容是彻底处理系统的漏气现象。例如更换密封元件，处理管接头或连接螺钉松动等。定期检验测量仪表、安全阀和压力继电器；定期对各润滑、气压系统的过滤器或分滤网进行清洗或更换；定期对液压系统进行油质化验检查、添加和更换液压油；定期对气压系统分水滤气器放水。

3. 定期更换易损零件

气动系统的大修间隔期为一年或几年。其主要内容是检查系统各元件和部件，判定其性能和寿命，并对平时产生故障的部位进行检修或更换元件，排除修理间隔期间内一切可能产生故障的因素。

5.3 液压系统常见故障诊断及维修

5.3.1 某轨梁厂淬火轨收集装置液压系统故障诊断与维修

1. 任务说明

如图 5-2 所示为某轨梁厂淬火轨收集装置液压系统回路图，运行过程中出现以下故障：

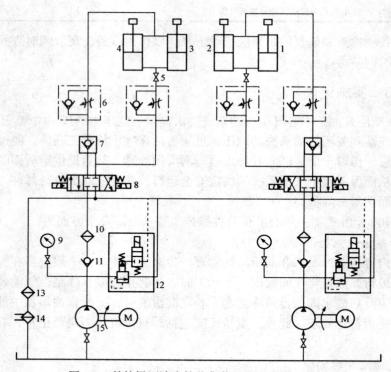

图 5-2 某轨梁厂淬火轨收集装置液压系统回路图

1，2，3，4—液压缸；5—截止阀；6—单向节流阀；7—液控单向阀；8—三位四通电磁换向阀；9—压力表；10，13—过滤器；11—单向阀；12—先导式溢流阀；14—冷却器；15—液压泵

（1）液压缸出现"停顿—滑行—停顿"的爬行现象。

（2）开机生产一段时间后，油泵异响。

（3）液压缸无法自锁。即系统在运行过程中，液压缸 3、4 锁不住。当换向阀 8 置中位，停止加压后，在"台架"自重作用下，出现液压缸 3、4 的活塞杆慢慢伸出的故障现象（即"台架"慢慢下降的现象）。

要求根据故障的现象，分析故障原因，提出维修方案并加以实施。

2. 任务分析

液压缸出现爬行现象，故障主要原因是在液压缸上。开机生产一段时间后，油泵异响，故障的主要原因是在泵上。而液压缸无法自锁，故障的原因主要是在液压回路。以上故障如不及时排除，都将会影响到生产。

5.3.2 理论指导

1. 液压故障的诊断方法

（1）直观检查法。对于一些较为简单的故障，可以通过眼看、手摸、访问现场操作人员、耳听和嗅闻等手段对零部件进行检查。

例如，通过视觉检查能发现诸如破裂、漏油、松脱和变形等故障现象，从而可及时地维修或更换配件；用手握住油管（特别是胶管），当有压力油流过时会有振动地感觉，而无油液流过或压力过低时则没有这种现象。另外，手摸还可用于判断带有机械传动部件的液压元件润滑情况是否良好，用手感觉一下元件壳体温度的变化，若元件壳体过热，则说明润滑不良；耳听可以判断机械零部件损坏造成的故障点和损坏程度，如液压泵吸空、溢流阀开启、元件发卡等故障都会发出如水的冲击声或"水锤声"等异常响声；有些部件会由于过热、润滑不良和气蚀等原因而发出异味，通过嗅闻可以判断出故障点。

（2）对换诊断法。在维修现场缺乏诊断仪器或被查元件比较精密不宜拆开时，应采用此法。先将怀疑出现故障的地元件拆下，换上新件或其他机器上工作正常、同型号的元件进行试验，看故障能否排除即可做出诊断。

如一台卡特 E200B 型挖掘机工作装置的液压系统工作压力，根据经验怀疑是主安全阀出了故障，于是将现场同一型号的挖掘机上的主安全阀与该安全阀进行了对换，试机时工作正常，则证实之前的怀疑正确。用对换诊断法检查故障，尽管受到结构、现场元件储备或拆卸不便等因素的限制，操作起来也可能比较麻烦。但对于如平衡阀、溢流阀、单向阀之类的体积小、易拆装的元件，采用此法还是较方便的。对换诊断法可以避免因盲目拆卸而导致液压元件的性能降低。对上述故障如果不用对换法检查，而直接拆下可疑的主安全阀并对其进行拆解，若该元件无问题，装复后有可能会影响其性能。

（3）仪表测量检查法。仪表测量检查法就是借助对液压系统各部分的压力、流量和温度的测量来判断系统的故障点。在一般的现场检测中，由于液压系统的故障往往表现为压力不足，容易察觉；而流量的检测则比较困难，流量的大小只可通过执行元件动作的快慢做出判断。因此，在现场检测中，更多地采用检测系统压力的方法。

如一台日立 EX220-5 型挖掘机，工作中发现行走向右跑偏，怀疑是行走系统左、右压力不均匀。用仪表检测行走系统压力时发现，左边为 32MPa，右边为 26MPa，经调整右侧行走安全阀的压力后，排除了故障。

（4）原理推理法。液压系统的基本原理都是利用不同的液压元件、按照液压系统回路组合匹配而成的，当出现故障现象时可据此进行分析推理，初步判断出故障的部位和原因，对症下药，迅速予以排除。根据系统原理图，对原理图中各个元件的作用有一个大体的了解，然后根据故障现象进行分析、判断，针对许多因素引起的故障原因需逐一分析，抓住主要矛盾，才能较好的解决和排除。

对于现场液压系统的故障，可根据液压系统的工作原理，按照动力元件→控制元件→执行元件的顺序在系统图上正向推理分析故障原因。

如一挖掘机动臂工作无力，从原理上分析认为，工作无力一般是由于油压下降或流量减小造成的。从系统图上看，造成压力下降或流量减小的可能因素有：一是油箱，比如缺油、吸油滤油器堵塞、通气孔不畅通；二是液压泵内漏，如液压泵柱塞副的配合间隙增大；三是操纵阀上主安全阀压力调节过低或内漏严重；四是动臂液压缸过载阀调定压力过低或内漏严重；五是回油路不畅等。考虑到这些因素后，再根据已有的检查结果排除某些因素，缩小故障的范围，直至找到故障点并予以排除。

现场液压系统故障诊断中，根据系统工作原理，要掌握一些规律或常识：一是分析故障过程是渐变还是突变，如果是渐变，一般是由于磨损导致原始尺寸与配合的改变而丧失原始功能；如果是突变，往往是零部件突然损坏所致，如果弹簧折断、密封件损坏、运动件卡死或污物堵塞等。二是要分清是易损件还是非易损件，或是处于高频重载下的运动件，或者为易发生故障的液压元件，如液压泵的柱塞副、配流盘副、变量伺服和液压缸等。而处于低频、轻载或基本相对静止的元件，则不易发生故障，如换向阀、顺序阀、滑阀等就不易发生故障。掌握这些规律后，对于快速判断故障部位可起到积极的作用。

5.3.3 维修方案

1. 故障现象一：液压缸爬行

故障原因及处理方法：

（1）润滑条件不良。处理方法：加大润滑量。

（2）液压系统中浸入空气。处理方法：排出系统中空气，紧固接头检查和更换密封。

（3）机械刚性原因。零件磨损变形，引起摩擦力变化而产生爬行。处理方法：

修理或更换零件。

2. 故障现象二：油泵异响

故障原因及处理方法：

（1）吸油管质量不好或喉码未收紧。处理方法：拆滤网检查是否变形，更换滤网。

（2）滤网不干净。液压油杂质过多。处理方法：清洗或更换滤网。

（3）油泵磨损：检查油泵配油盘及转子端面磨损情况。处理方法：修理或更换油泵。

3. 故障现象三：液压缸无法自锁

故障分析：

第一步：在正常情况下，当换向阀 8 置中位时，液压缸 3、4 不应动作。现在出现的故障是液压缸 3、4 的活塞杆向左慢慢伸出，即工作台架要慢慢下降。因此属于方向错误。

第二步：根据其液压系统原理图分析可以得出，造成该故障的原因可能是液控单向阀 7 内漏以及液压缸 3 或 4 内漏。液控单向阀 7，在系统中起锁定作用。其发生内泄漏，有这样两种原因造成：一是由于本身存在质量问题，内泄漏过大。二是因回油背压过高，液控单向阀 7 的控制油路有一定的压力，导致液控单向阀 7 处于一定的开启状态，关闭不严。

第三步：根据以上分析，主要的可能故障元件是液压缸 3 或液压缸 4，液控单向阀 7，换向阀 8，以及回油管路，过滤器 13，冷却器 14。

第四步：综合分析。由于换向阀阀芯与阀套配合间隙小，容易卡紧，导致换向不灵，换向不到位，造成回油背压过高。换向阀 8 出现故障的可能性比较大；液控单向阀 7 本身存在质量问题的可能性亦较大。至于回油管路、冷却装置、过滤装置堵塞而造成回油背压过高、液压缸 3、4 出现内泄漏可能性较小。液压缸 1、2 部分的回油亦经过这些元件，而液压缸 1、2 没有类似的故障。因此，可以将回油管路、冷却装置、过滤装置出现故障的情况排除在外。由此列出元件的检查顺序是：液控单向阀 7→换向阀 8→液压缸 3、4。

第五步：对重点元件进行初步检查。通过仔细观察，液控单向阀内部好像有油液流动的声音；换向阀的外部电信号正常，换向声音亦正常，也无发热等异常现象；液压缸没有明显的异常情况。

第六步：初步可以断定，故障部位很有可能在液控单向阀。将液控单向阀拆下，在检测试验台上进行检测试验，测得其内泄漏严重超标。

第七步：将液控单向阀进行拆开检查，发现其阀体上有砂眼，导致内泄漏。处理方式：更换合格的液控单向阀，再将其安装好。开车试验系统故障是否消除。

5.4 气动系统常见故障诊断及维修

5.4.1 立式加工中心气动控制系统故障诊断与维修

1. 任务说明

如图 5-3 所示为立式加工中心的气动控制原理。该系统在换刀过程中实现主轴定位、主轴松刀、拔刀、向主轴吹气和插刀动作。现出现以下故障:

(1) 该加工中心换刀时,向主轴锥孔吹气,把含有铁锈的水分子吹出,并附着在主轴锥孔和刀柄上。

(2) 该加工中心换刀时,主轴松刀动作缓慢。

(3) 该加工中心插刀、拔刀动作缓慢或不动作。

要求根据故障的现象,分析故障原因,提出维修方案并加以实施。

2. 任务分析

吹气吹出含有铁锈的水分子,说明空气中含有水分,水分会使管道、阀和气缸腐蚀;换刀时主轴松刀动作缓慢的主要原因是泄漏。泄漏导致气压力下降,甚至造成气动元件工作失常。以上故障如不及时排除,有可能会造成更大的故障,甚至造成安全事故。

5.4.2 理论指导

1. 气动系统故障的分类

根据故障发生的时期、内容和原因不同,将故障分为初期故障、突发故障和老化故障。

(1) 初期故障。主要是元件加工、装配不良、设计失误;安装不符合要求、维护管理不善;在调试阶段和开始运转的二、三个月内发生的故障。

(2) 突发故障。系统在稳定运行时期突然发生的故障。

(3) 老化故障。个别或少数元件达到使用寿命后发生的故障。其发生期限是可以预测的。

2. 故障的诊断方法

(1) 经验法。可按中医诊断病人的四字,具体方法如表 5-5 所列。

(2) 逻辑推理。原则是:由简到繁、由易到难、由表及里地逐一进行分析,排除掉不可能的和非主要的故障原因。先查故障发生前曾调试或更换的元件和故障率高的元件。

(3) 仪表分析法。利用检测仪器仪表,如压力表、差压计、电压表、温度计、电秒表及其它电子仪器等,检查系统或元件的技术参数是否合乎要求。

(4) 部分停止法。即暂时停止气动系统某部分的工作,观察对故障征兆的影响。

表 5-5 直观检查法

望	看执行元件的运动速度有无异常变化;各测压点的压力表显示的压力是否符合要求,有无大的波动;润滑油的质量;滴油是否符合要求;电磁阀的指示灯显示是否正常;紧固螺钉及管接头有无松动;管道有无扭曲和压扁;有无明显振动存在;加工产品质量有无变化等;冷凝水能否正常排出;换向阀排气口排出空气是否干净
闻	包括耳闻和鼻闻。如执行元件及换向阀换向时有无异常声音;系统停止工作但尚未泄压时,各处漏气情况;电磁线圈和密封圈有无因过热而发出的特殊气味等
问	查阅系统的技术档案,了解系统的工作程序、运行要求及主要技术参数;查阅产品样本,了解每个元件的作用、结构、功能的性能;查阅维护检查记录,了解日常维护保养工作情况;访问现场操作人员,了解设备运行情况,了解故障发生前的征兆及故障发生时的状况,了解曾经出现过的故障及排除方法
切	触摸相对运动件外部的手感的温度,电磁线圈处的温升等。触摸 2s 感到烫手,则应查明原因。气缸、管道等处有无振动感,有无爬行感,各接头处元件处手感有无漏油、漏气等

(5) 试探反证法。即试探性地改变气动系统中部分工作条件,观察对故障征兆的影响。

(6) 比较法。即用标准的或合格的元件代替系统中相同的元件,通过工作状况的对比,来判断被更换的元件是否失效。

5.4.3 维修方案

1. 故障现象一

故障产生的原因是压缩空气中含有水分。如采用空气干燥机,使用干燥后的压缩空气问题即可解决。若受条件限制,没有空气干燥机,也可在主轴锥孔吹气的管路上进行两次分水过滤,设置自动放水装置,并对气路中相关零件进行防锈处理,故障即可排除。

2. 故障现象二

根据该加工中心气动控制原理图分析,主轴松刀动作缓慢的原因有:

(1) 气动系统压力太低或流量不足。

(2) 机床主轴拉刀系统有故障,如碟型弹簧破损等。

(3) 主轴松刀气缸 B 有故障。

根据分析,首先检查气动系统的压力,压力表显示压力正常。将机床操作转为手动,手动控制主轴松刀,发现系统压力下降明显,气缸的活塞杆缓慢伸出,故判定气缸内部漏气。拆下气缸,打开端盖,压出活塞和活塞环,发现密封环破损,气缸内壁拉毛。更换新的气缸后,故障排除。

3. 故障现象三

故障分析及处理过程:插刀、拔刀动作缓慢或不动作,主要是换向阀 9 和气体泄漏的故障。

（1）换向阀不能换向或换向动作缓慢，一般是因润滑不良、弹簧被卡住或损坏、油污或杂质卡住滑动部分等原因引起的。因此，应先检查油雾器的工作是否正常；润滑油的黏度是否合适。必要时，应更换润滑油，清洗换向阀的滑动部分，或更换弹簧和换向阀。

（2）换向阀经长时间使用后易出现阀芯密封圈磨损、阀杆和阀座损伤的现象，导致阀内气体泄漏，阀的动作缓慢或不能正常换向等故障。此时，应更换密封圈、阀杆和阀座，或更换新的换向阀。

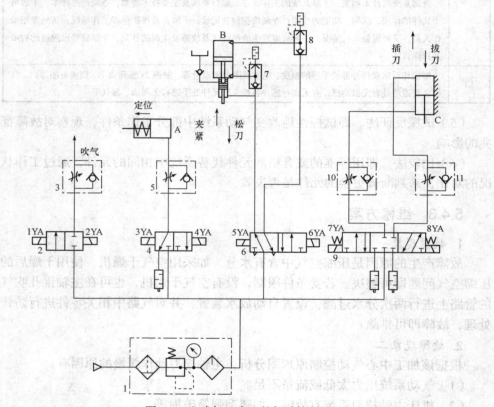

图 5-3 立式加工中心的气动控制原理
1—气动三联件；2，4，6，9—换向阀；3，5，10，11—单向节流阀；7，8—快速排气阀

5.4.4 知识拓展

柳工液压挖掘机系列常见故障与维修

如图 5-4 所示为液压挖掘机，其工作机构为全液压驱动方式，采用双泵双回路全功能变量液压系统，液压系统自身的特点决定了其维修难度比其他传动方式大得多，并且不论是用户还是维修部门，普遍缺乏液压系统的监测与维修设备，

因此如何判断和排除液压挖掘机的液压故障,是正确使用挖掘机使之高效安全工作的关键,如表 5-6、表 5-7、表 5-8、表 5-9 所列为柳工液压挖掘机常见的故障特征、故障原因和排除方法。

图 5-4 液压挖掘机

表 5-6 整机故障

故障特征	原因分析	维修方法
1. 功率下降	1. 油泵磨损	1. 检查更换
	2. 分配阀或主溢流阀调整不当	2. 调整压力到合适
	3. 工作油量不足	3. 从油质系统泄漏,元件磨损等方面检查
	4. 吸油管路吸进空气	4. 排出系统中空气,紧固接头检查和更换密封
2. 作业不良	1. 油泵出现故障	1. 检查或更换
	2. 油泵排油量不足	2. 检查油质,油泵的磨损,密封等,必要时更换
3. 回转压力不足	1. 缓冲阀调整压力下降	1. 调整压力到合适
	2. 油马达性能下降	2. 检查更换
4. 回转制动失灵	1. 缓冲阀调整压力下降	1. 调整压力到合适
	2. 油马达性能下降	2. 检查更换
5. 回转时异音	油马达性能下降	检查更换
6. 行走力不足	1. 溢流阀调整压力低	1. 调整压力到合适
	2. 缓冲阀调整压力低	2. 调整压力到合适
	3. 油马达性能下降	3. 检查或更换
	4. 中央回转接头密封损坏	4. 更换
7. 行走不轻快	1. 缓冲阀调整压力不合适	1. 调整压力到合适
	2. 油马达性能下降	2. 检查或更换
8. 行走时跑偏	1. 油泵性能下降	1. 检查或更换
	2. 油马达性能下降	2. 检查或更换
	3. 中央回转接头密封损坏	3. 更换

表 5-7　液压系统故障

故障特征	原因分析	排除方法
1. 油泵、油马达、油缸各种阀过热	1. 系统压力太高	1. 调整压力安全阀压力到合适
	2. 卸载阀压力调得太高	2. 调整到合适
	3. 油脏或供油不足	3. 清洗或更换滤清器，检查油的黏度，把蓄能器油面充满到合适
	4. 油冷却系统故障	4. 检查或更换元件
	5. 油泵效率过低	5. 检查或更换元件
	6. 油泵吸空	6. 更换滤清器，清洗被阻塞的入口管道，清洗蓄能器通气口，更换工作油，调整泵速
	7. 油内有空气混入	7. 拧紧易漏接口，把蓄能器油面充满到合适，排出系统中空气，更换泵油的密封
	8. 油泵超载工作	8. 调整工作载荷，使泵和系统负荷一致
	9. 元件磨损或损坏	9. 检查或更换
2. 油泵响声太大	1. 吸空	1. 更换滤清器，清洗被阻塞的入口管道，清洗蓄能器的通气口，更换工作油，调整泵速
	2. 油内有空气	2. 拧紧接口，把蓄能器油面充满到合适，排出系统中空气，更换密封
	3. 连接太松或错位	3. 调整好位置并坚固，检查密封和轴承
	4. 磨损或损坏	4. 检查或更换
3. 马达杂音	1. 连接松动或错位	1. 调整并紧固，检查密封和轴承
	2. 磨损或损坏	2. 检查或更换
4. 安全阀有杂音	1. 开启压力或传到下一个阀的压力调得太高	1. 调整安全阀压力到合适
	2. 阀门或阀座磨损	2. 检查或更换元件
5. 系统无油	1. 油泵不吸油	1. 更换滤清器，清洗被阻塞的入口管道，清洗蓄能器的通气口，更换系统的油，调整泵速
	2. 油泵的驱动装置失效	2. 电动机或柴油机等应修复或更换，检查电气线路
	3. 油泵与驱动机构的连接切断	3. 更换或调整
	4. 驱动油泵的电动机反接	4. 调换线路接头
	5. 油泵的进出口反接	5. 改变进出口接头
	6. 油从安全阀返回	6. 调整安全阀压力，检查或更换元件
	7. 油泵已损坏	7. 检查或更换
6. 系统中供油不足	1. 流量控制阀调整不当	1. 按需要重新调整
	2. 安全阀或卸载阀调整不当	2. 重新调整
	3. 系统外漏	3. 紧固连接接头，从系统中排出空气
	4. 液压元件磨损	4. 检查并更换

续 表

故障特征	原因分析	排除方法
7. 系统油量过大	流量控制阀调整不当	按需要重新调整
8. 系统中没有压力或压力过低	1. 没有油	1. 更换滤清器，清洗被阻塞的入口管道，清洗蓄能器通气口，更换工作油，调整泵速
	2. 油量太低	2. 按需要重新调整
	3. 减压阀调整不当	3. 重新调整
	4. 外漏严重	4. 紧固接头，从系统中排出空气
	5. 减压阀磨损或损坏	5. 检查并更换
9. 压力太高	1. 油中有空气	1. 拧紧易漏接口，把蓄能器的油充满到合适，排出空气，更换密封
	2. 安全阀磨损	2. 检查并更换
	3. 油脏	3. 清洗或更换粗滤器和精滤器，排出脏油，冲洗并换新油
	4. 液压元件磨损	4. 检查并更换
10. 压力太高	安全阀或卸载阀调整不当或磨损	重新调整到合适，检查或更换
11. 油缸，油马达不动作	1. 没有油或没有压力	1. 更换滤清器，清洗被阻塞的入口管道，清洗蓄能器通气口，更换工作油，调整泵速
	2. 顺序阀或变量机构磨损	2. 调整和更换
	3. 机械部分故障	3. 检查机械部分
	4. 油缸，油马达磨损可损坏	4. 检查或更换
12. 油缸，油马达动作缓慢	1. 流量太低	1. 按需要重新调整
	2. 油的黏度不大	2. 提高油温，若黏度不合适，应换油
	3. 压力不足	3. 按需要重新调整减压阀
	4. 联动装置润滑不良	4. 清除脏物并加润滑油
	5. 油缸、油马达磨损或损坏	5. 检查并更换
13. 工作装置运动不稳	1. 压力不稳定	1. 检查或更换安全阀，清洗滤油器或换新油
	2. 油中混入空气	2. 拧紧接头，把蓄能器油面充满到合适，排出空气，更换密封件
	3. 联动装置润滑不当	3. 清除脏物并加润滑
	4. 油缸、油马达磨损或损坏	4. 检查并更换
14. 工作速度过大	流量过大	重新调整流量控制阀
15. 油的泡沫太多	1. 油号不对或黏度不合适	1. 排出油液，冲洗系统，再注入新油
	2. 油频繁地通过安全阀	2. 调整安全阀使压力合适
	3. 安全阀磨损或损坏	3. 检查并更换

续　表

故障特征	原因分析	排除方法
16. 回油压力突然升高，管接头爆坏	背压阀阀芯卡死	拆检或更换
17. 管路剧烈振动	1. 液压系统中有空气	1. 拧紧接头，把蓄能器油面充满到合适，排出系统中空气，更换密封件
	2. 工作油不足	2. 检查并加油
	3. 管路没有用压板固定	3. 加固定压板
	4. 背压阀阀芯不灵活或卡死	4. 拆检或更换

表 5-8　工作装置故障

故障特征	原因分析	排除方法
1. 载荷自动降落	1. 油缸漏油或磨损	1. 修复或更换
	2. 油缸控制阀杆串通	2. 更换阀装置
2. 铲斗和动臂回路油压低	1. 安全阀损坏，磨损或调整不当	1. 检查，修理或更换
	2. 油缸上腔串油	2. 更换油缸密封元件
	3. 油泵磨损	3. 修理或更换
3. 油缸抖动	1. 油位太低	1. 加油到合适位置
	2. 活塞杆衬垫太紧	2. 调整到合适
	3. 活塞与油缸配合太松	3. 检查修复或更换
	4. 活塞杆弯曲	4. 拆开油缸，全部检修
4. 当阀从中间位置移动时载荷下降	1. 单向阀污染	1. 清洗并检查滤清器
	2. 单向阀座损伤	2. 修复或更换
5. 操纵阀芯有卡住倾向，操作困难	1. 油温太高	1. 检修液压系统
	2. 系统太脏	2. 排除系统中的油液，清洗并更换
	3. 油压太高	3. 调整到合适
	4. 阀芯弯曲	4. 更换
	5. 联动装置束缚	5. 检查并修复
	6. 操纵装置磨损或损坏	6. 修复或更换
	7. 系统温度太低	7. 适当提高油温
6. 操作手柄不能定位	1. 磨损或损坏	1. 修复或更换
	2. 振动太大	2. 清除振动源
	3. 阀芯的行程受阻	3. 检查并重新调整联动装置
7. 铲斗提升太慢	变量机构或操纵不能正确动作，而使油泵处于最大流量位置	检查，调整，修理或更换变量装置

续 表

故障特征	原因分析	排除方法
8. 铲斗提升太慢	1. 油泵流量不够	1. 检查油泵吸油泄漏量
	2. 安全阀调整压力太低	2. 调整到合适
	3. 油泵磨损或损坏	3. 修理或更换
9. 铲斗在保持位置自动倾斜	1. 操纵阀杆不在正确的中间位置	1. 调整到正确的中间位置
	2. 油缸密封衬垫损坏	2. 更换

表 5-9 制动系统故障

故障特征	原因分析	排除方法
1. 制动太慢	1. 制动管路损坏	1. 更换
	2. 制动控制阀调整不当	2. 调整到合适
	3. 系统油压太低	3. 检查系统动作
	4. 系统油位太低	4. 加油到合适位置
2. 不能制动	1. 制动操纵阀失灵	1. 修复或更换，检查油路压力
	2. 制动管路有故障	2. 更换
3. 紧急制动不能完全脱开	1. 传动压力不足	1. 检查系统的工作情况
	2. 管路流通不畅	2. 检查给油软管
	3. 制动油缸或联动装置损坏	3. 修复或更换

思考题与练习

5.1 简要说明预防性维修的目的和意义。
5.2 试分析注塑机液压系统温升过高的原因。
5.3 液压油污染的类型及处理方法是什么？
5.4 试分析泄漏对液压系统有何影响。如何预防和排除？
5.5 试分析压缩空气中含水量高的原因。如何排除？
5.6 试分析振动和噪声对液压与气动系统的影响。如何预防和排除？

第6章 液压与气动系统的改造

6.1 液压系统的改造

6.1.1 压力机液压系统的改造

压力机是锻压、冲压、冷挤、校直、弯曲、粉末冶金、成型、打包等工艺中广泛应用的压力加工机械。压力机液压系统以压力控制为主，压力高，流量大，且压力、流量变化大。

某公司的一台压力机，用来压制油底壳类的壳体类零件，但主缸快速下降过程中和保压后换向返回时一直存在着振动大、噪声大，且生产合格率低（拉延合格率较低，约55%）等问题。此外，随着生产品种的增加，压制的要求也不断提高，对压力的调节也日益频繁，调节的精度要求也越来越高，需要在加工某些零件时使压制和拉延的速度可调。应如何进行改造？

6.1.2 理论指导

振动与噪声会影响液压系统的工作性能，降低液压元件的使用寿命；影响设备的工作质量，降低设备生产效率，严重时还会引起工具、模具和设备损坏，生产出次品等。强烈的振动会影响电器设备的正常工作，甚至造成电器、仪表的损坏；导致不应有的能量消耗；污染环境，恶化工作条件。同时，振动还会使油箱温度升高或者部分液压元件温度升高，长时间存在不良振动会影响液压油质量。因此，必须采取有效地解决方案。

如图 6-1 所示为原液压系统原理图。其工作循环为：上液压缸（主缸）能实现"快速下行→慢速下行→慢速加压→保压→原位停止"。而下液压缸（顶出缸）如果是在主缸压制完成后将工件顶出，可实现"向上顶出→停留→向下退回"的工作循环。

如果是作薄板拉伸压边（浮动压边）时，顶出缸可实现在上位时既保持一定的压力，又能随主缸滑块的下压而实现下降动作。上液压缸的工作过程如下。

（1）液压缸 9 快速下行。1YA 带电，换向阀 5 换向到左位，进油路：泵 1→单向阀 4→换向阀 5 左位→液控单向阀 6→液压缸 9 上腔。同时液控单向阀 7 导通，主缸活塞在滑块重力作用下加速下行，泵供油不及而使上腔出现负压使液压控单向阀 8 导通，充油箱的油液进到缸 9 上腔实现充油。回油路：液压缸 9 下腔 →液控单向阀 7→换向阀 5 左位→换向阀 12 中位→油箱。

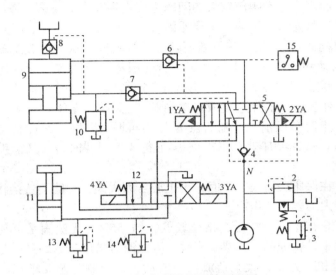

图 6-1　压力机的液压系统原理图

1—液压泵；2—先导型溢流阀；4—单向阀；5，12—换向阀；6，7，8—液控单向阀；
9，11—液压缸；　3，10，13，14—溢流阀；15—压力继电器

（2）主缸慢速下行。上滑块在运行中接触到工件时上腔压力升高，阀 8 关闭，此时加压慢速下行，速度由液压泵流量决定。其进、回油路与快速下行时相同。

（3）保压。当主缸上腔压力上升到压力继电器 15 的调定压力时发信号使 1YA 断电，换向阀 5 换向到中位时，主缸上下两腔封闭而保压。保压时间由时间继电器按工艺要求调节。此时泵卸荷。

（4）快速返回。保压时间到后，时间继电器发信号使 2YA 带电，换向阀 5 换向到右位，其进油路：泵 1→阀 4→阀 5（右位）→阀 7→主缸 9 下腔。同时使阀 8、阀 6 导通，回油一路回到充油箱中，另一路由主缸上腔→阀 6→阀 5（右位）→阀 12→油箱。

顶出缸（下液压缸）的工作过程如下：当主缸回到上位停止时，3YA 通电，阀 12 换向到右位，顶出缸作向上顶出运动。其进油路为：泵 1→阀 4→阀 5（中位）→阀 12 右位→顶出缸 11 下腔。回油路：缸 11 上腔→阀 12 →油箱。此外，当 3YA 断电时顶出缸可停留在某位置。

当作薄板拉伸压边（浮动压边）时，顶出缸在上位保持一定的压力随主缸滑块的下压而下降时，其回油路为：顶出缸 11 下腔→溢流阀 13→油箱。

6.1.3 参考方案

1. 故障现象分析

（1）振动噪声。振动噪声较大的问题主要发生在主缸快速下降过程中和保压后换向返回时，可能有以下两个主要原因。

① 液控单向阀 7 可能存在不断地开、关的转换，从而造成主缸下行速度快慢变化引起振动和噪声。当主缸开始下行时因滑块重力作用而加速运动，泵供油不及而使上腔出现负压，液控单向阀 4、6 可能会自然打开而不需要压力。因此点 N 压力也会随之下降造成液控单向阀 7 关小甚至闭合，主缸就会减速甚至瞬间停留，上腔负压消失，随后点 N 压力再增大，缸 9 再度加速下行、上腔再度出现负压。这样循环就会出现缸 9 下行速度时快时慢，从而引起系统振动和噪声。

② 主缸 9 在保压后转换上行时，因上腔压力很大，油路突然换接产生液压冲击也会造成很大的震动和噪声。

（2）生产合格率低。拉延合格率较低，约 55%，无法满足工艺要求。其原因可能是，阀 3 是普通的 YF 型溢流阀，压力调节精度低，而且是远程调压，其管路长，泄漏和阻力变化大也造成压力波动，在压制工艺要求较高时不能满足要求。

（3）压制速度不可调。主缸 9 压制速度不可调，不能满足某些零件的压制速度工艺的要求，原因是系统采用的是定量泵而又未设置调速回路。解决办法是，将定量泵更换为变量泵或在适当位置加装流量阀。

2. 参考改造方案

参考改造方案如图 6-2 所示。与原系统相比有以下几方面的改进。

（1）将单向阀 4 换为顺序阀。这样不管液压缸 9 上腔是否出现负压，点 N 总能保持一定的压力。而且可以根据实际情况调整其压力，而不像单向阀改变开启压力要靠更换弹簧实现。

（2）设置卸压回路。如图 6-2 所示的增加换向阀 A 和节流阀 B。当 5YA 带电，同时延时继电器计时，上腔通过节流阀 B、换向阀 A 卸压，其卸压快慢由节流阀 B 调节、卸压时间由时间继电器调节。卸压时间到后，再使 2YA 带电，液压缸 9 上行。

（3）增加一个节流阀 D 和一个换向阀 C 组成出口节流调速回路，可以实现调节压制时主缸的速度，满足加工多种工件的不同压制速度的要求，扩大设备的应用范围。

（4）将原系统中的调压阀 2、3 用一个比例溢流阀替换。既实现了调压的方便性又能保证压力调节的精确度。

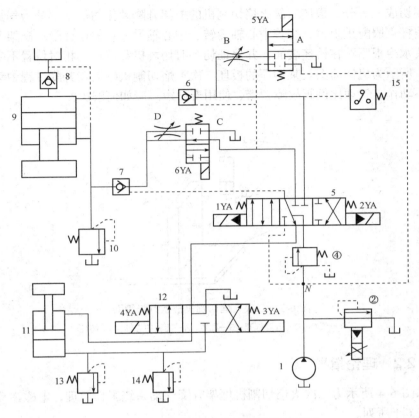

图 6-2 改造后的压力机液压系统原理图

1—液压泵；2—比例溢流阀；4—顺序阀；5、12—换向阀；6、7、8—液控单向阀；9、11—液压缸；
10、13、14—溢流阀；15—压力继电器；A、C—换向阀；B、D—节流阀

3. 改造后的效果

系统改造后经过实际应用，振动和噪声大为减小，压边拉延开裂现象也大为减少。其合格率大大提高。通过调节压制速度可以实现更多品种的工件压制和拉延工艺的要求。系统压力稳定性改善了很多，压力调节精度比改造前提高了很多。这次改造是在原系统的基础上进行的，尽量利用原有元件，花费少、周期短、效果好。

6.2 气动系统的改造

6.2.1 板坯二次火焰切割机气动系统的改造

板坯二次火焰切割机是钢厂板坯连铸机的在线生产设备，可把经过一次切割

的铸坯切成三等分。板坯二次火焰切割机的框架升降动作的传动部分为气缸带动传动连杆克服配重阻力，绕着中心轴旋转，中心轴另一端的连杆带动框架下降，使压头水冷板紧贴在铸坯表面，并保证切割时切割机和铸坯的相对位置不变，如图 6-3 所示为机构简图。某钢厂的板坯二次火焰切割机框架在升降过程中动作缓慢或不动作，气动比例阀故障频繁、使用寿命短。应如何解决？

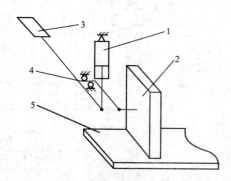

图 6-3　二次火焰切割机框架升降简图
1—气缸；2—升降框架；3—配重；4—旋转中心轴；5—铸坯

6.2.2　理论指导

如图 6-4 所示为二次火焰切割机框架升降气动系统工作原理，电磁铁动作顺序如表 6-1 所列。

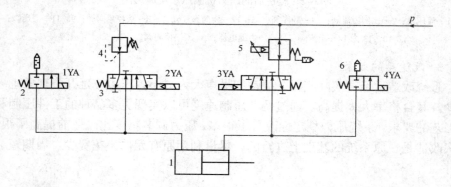

图 6-4　二次火焰切割机框架升降气动系统工作原理图
1—气缸；2—二位二通电磁阀；3—二位五通电磁阀；4—减压阀；5—气动比例阀；6—消声器

当铸坯到达而切辊道定位后，2YA 和 4YA 通电，气缸克服配重阻力带动框架下降，下降的位置由装在旋转中心轴的编码器检测。到预压位后，PLC 发出新的命令，4YA 断电，2YA、3YA 通电，比例阀同时工作，气缸驱动压头继续

表 6-1 电磁铁动作顺序表

切割框架动作	1YA	2YA	3YA	4YA	N
最高位	—	—	—	—	—
从最高位到开始预压位	—	+	—	+	×
从开始预压位到预压位	—	+	+	—	×
预压位	—	—	+	—	×
从预压位到压下位	—	+	—	+	×
压下位	—	+	—	—	×
抬升	+	—	+	—	×

注:"+"为通电;"—"为断电;"×"为有控制信号。

向预压下位动作,比例阀调节气缸活塞有杆腔的背压,并把有杆腔的压缩空气逐步放散,从而控制框架的下降速度,延时 0.5~1s,3YA 断电,2YA、4YA 同时通电。压下到位后,4YA 断电,2YA 保持通电,气缸无杆腔保持一定的压力,使压头紧压在铸坯上。切割完毕后,2YA 断电,1YA、3YA 同时通电,比例阀调节活塞杆侧的进气压力驱动气缸动作,框架在配重和气缸的共同作用下抬升至最高位。

6.2.3 参考方案

1. 故障现象分析

(1) 框架在升降过程中动作缓慢或不动作。造成这个问题的直接原因就是气动比例阀动作失灵。气动比例阀内安装的模板和其他电器元件发生故障,或者气动比例阀内的控制气路通气不畅,则气动比例阀就不能按照 PLC 的要求对有杆腔的压力进行调节,而无杠腔进气由 2YA 控制继续充压,有杆腔的背压不断增高,当背压不能及时从比例阀释放时,就会出现升降框架下降速度慢,甚至不动的现象。

(2) 气动比例阀故障频繁、使用寿命短。为了保证在气动比例阀的响应速度,系统的控制阀箱装在了火焰切割机上靠近气缸的位置。而铸坯仍有 1000℃左右的高温,强烈的热辐射造成气动比例阀工作环境温度升高;经测量,气动比例阀电气部分的外表温度总是持续在 60℃~80℃。在这样的环境下,电气元件的稳定性很快就会降低,导致控制失灵。更换新的气动比例阀,价格昂贵,成本升高。另一方面,气动比例阀对压缩空气有较高的清洁度要求,通过对气动比例阀解体检查,其内部阀芯、控制薄膜上附着有明显的粉尘和水渍,而先导控制气路与先导阀芯的通径仅有 0.1mm 左右,这些杂质易使阀卡阻,造成故障。

由于切割工作是在铸坯静止的状态下完成的,升降框架压下时,铸坯并没有相对移动，切割机升降框架的动作只要具备以下条件就可以满足工艺要求。

（1）升降框架的压头水冷板在接触铸坯时要有缓冲。

（2）压下后气缸要保持一定的压力，以保证压头水冷板和铸坯间产生足够的静摩擦力。

（3）升降框架抬升时以一个较慢的速度动作，避免升到顶位时的冲击。

2. 参考改造方案

（1）将气缸有杆腔进气的减压阀改为节流阀。

（2）将气缸无杆腔进气的气动比例阀改为减压阀。

（3）不改变 PLC 的控制程序，将有杆腔排气控制阀的控制线并入无杆腔进气换向阀的控制信号上。

新的气动控制系统，如图 6-5、表 6-2 所示。

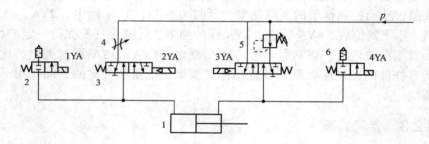

图 6-5　改造后的二次火焰切割机框架升降气动系统工作原理图

1—气缸；2—二位二通电磁阀；3—二位五通电磁阀；4—节流阀；5—减压阀；6—消声器

表 6-2　电磁铁动作顺序表

切割框架动作	1YA	2YA	3YA	4YA
最高位	—	—	—	—
从最高位到开始预压位	—	+	—	+
从开始预压位到预压位	—	+	+	+
预压位	—	—	+	—
从预压位到压下位	—	+	—	+
压下位	—	—	+	—
抬升	+	—	+	—

注："+"为通电；"—"为断电。

如表 6-2 所列，改造后的气动系统把"从开始预压到预压下"这一故障率最高的行程由原来的气动比例阀控制改为普通的电磁阀控制。开始压下时，2YA、4YA 通电动作，压下速度由设在无杠腔进气路上的节流阀来控制，使框架连续、均速压下，在"从开始预压到预压下"这段行程中，2YA、3YA、4YA 通电，有杆腔直接通过二位二通阀排气；同时，因为 3YA 通电打开，活塞杆侧也能保持一定的背压，保证压下动作的平缓；到达"预压位"后，2YA、4YA 断电，3YA 保持 0.5~1s 的通电时间，活塞杆侧建立 0.2~0.3MPa 的压力，抵消升降框架压下的惯性，起到良好的缓冲作用。随即 2YA、4YA 通电，气缸全压下，压下到位后，2YA、4YA 保持通电，气缸活塞侧保持 0.5~0.6MPa 的压力，使压头水冷板和铸坯间产生足够的静摩擦力满足切割工作的需要。切割完毕，1YA、3YA 通电，活塞杆侧的进气经过减压阀的减压以 0.2~0.3MPa 的压力和配重一同带动升降框架平缓抬升。通过以上分析可以看出改造方案具有以下特点。

（1）在完全满足工艺要求的前提下用减压阀替换了气动比例阀，原 PLC 控制程序不用进行修改，改造简便易行、成本低廉。

（2）减压阀对现场环境和压缩空气质量的适应能力远远高于气动比例阀，大大降低了设备故障率，为生产创造了良好条件。

（3）减压阀的价格远低于气动比例阀。同时，由于其故障率低，不需经常更换，节约了生产成本。

（4）减压阀、节流阀结构简单，故障率低，发生故障后便于问题的判断和解决，降低了维修难度。

6.2.4 知识拓展

液压与气动系统的改造方法及应用

液压系统与气动系统的技术改造，即应用现代化的技术成就和先进经验，根据企业生产的实际需要，改变旧系统的结构或增加新装置、新元件等，以改善旧系统的技术性能与使用指标，使其局部或全部达到目前生产的新系统的水平。这种现代化改造可使原系统提高工作效率，降低消耗，减少故障，是企业走内涵式扩大再生产的一种主要方式。

液压系统与气动系统技术改造是现有企业技术提升的有效措施。能克服现有系统的技术落后状态，提高系统的技术应用水平，扩大系统的功能，提高系统的整体工作性能。对液压系统与气动系统进行技术改造，在经济上也是优越的。因为改造是在原有系统的基础上进行，许多元件和辅助元件还可以继续使用，因此，所需费用要比购置或重新设计一个系统要少得多。

通过对原系统的技术改造，可以发现原有系统存在的问题，有针对性地进行技术改造；同时，按企业生产的具体要求，在某些情况下，其适应性甚至超过新设备，使某些技术性能达到或超过新设备的水平。

改造的流程对于那些技术难度大，耗资大的液压系统是否进行，甚至其经济效果如何，必须进行详细的调查分析，组织充分的技术论证，即进行必要的可行性分析。其改造效果的成败，在很大程度上取决于这种论证的充分和正确与否。

改造方案制定以后，即可进行以下工作程序：技术设计、工艺文件制定、生产设备、制造及施工、验收与鉴定、改造后的总结与推广。液压系统与气动系统技术改造工作流程图如图 6-6 所示。

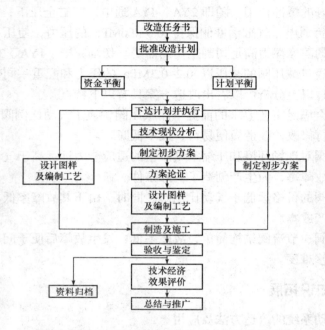

图 6-6 液压系统与气动系统技术改造工作流程图

思考题与练习

6.1 如图 6-7 所示为某大型压力机的液压卸荷回路，在泵卸荷时会产生液压冲击现象。试分析原因，并提出改造方案。

6.2 如图 6-8 所示为两缸顺序动作回路，缸 1 的外载为缸 2 的 1/2，顺序阀 4 的调压比溢流阀低 1MPa，要求缸 1 运动到右端，缸 2 再动作。但当阀 3 通电后，出现缸 1 和缸 2 基本同时动作的故障。试分析故障产生的原因，并提出改造方案。

6.3 如图 6-9 所示的气动回路中，A 管路中的空气一旦停止，B 管路导通，A 管路的润滑油流入 B 管路。如何改造以防止 A 管路的润滑油流入 B 管路？

6.4 某汽车生产线上的气动机械手，要求是全气动控制。平衡时，工件悬停在空中任意位置，不能滑落。原设计的气动平衡回路的设计原理来源于用于起重机的液压平衡回路，如图 6-10 所示。但该方案在负载下行时会产生超速下行现象，因此需要改造。试提出改造方案。

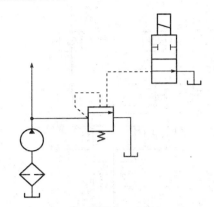

图 6-7（题 6.1 图）

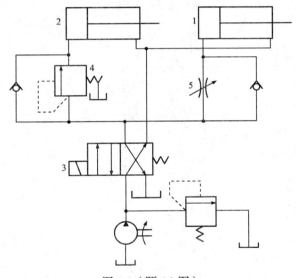

图 6-8（题 6.2 图）

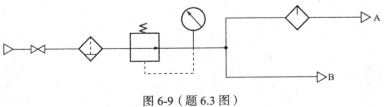

图 6-9（题 6.3 图）

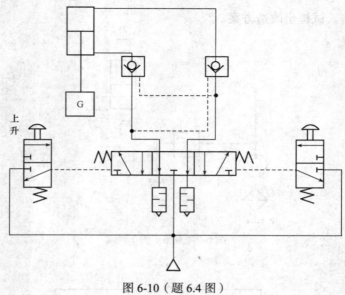

图 6-10(题 6.4 图)

附 录

常用液压及气动元（辅）件图形符号（摘自 GB/T 786.1—1993）

一、符号要素、功能要素、管路及连接

名称	符号	名称	符号	名称	符号
工作管路回油管路		电磁操纵器		连续放气装置	
控制管路泄油管路或放气管路		温度指示或温度控制		间断放气装置	
组合元件框线		原动机	M	单向放气装置	
液压符号	▶	弹簧	W	直接排气口	
气压符号	▷	节流		带连接排气口	
流体流动通路和方向		单向阀简化符号的阀座		不带单向阀的快换接头	
可调性符号		固定符号		带单向阀的快换接头	
旋转运动方向		连接管路		单通路旋转接头	
电气符号		交叉管路		三通路旋转接头	
封闭油、气路和油、气口	⊥	柔性管路			

二、控制方式和方法

名称	符号	名称	符号	名称	符号
定位装置		单向滚轮式机械控制		液压先导加压控制	
按钮式人力控制		单作用电磁铁控制		液压二级先导加压控制	
拉钮式人力控制		双作用电磁铁控制		气压-液压先导加压控制	
按-拉式人力控制		单作用可调电磁操纵器		电磁-液压先导加压控制	
手柄式人力控制		双作用可调电磁操纵器		电磁-气压先导加压控制	
单向踏板式人工控制		电动机旋转控制		液压先导卸压控制	
双向踏板式人工控制		直接加压或卸压控制		电磁-液压先导卸压控制	
顶杆式机械控制		直接差劲压力控制		先导型压力控制阀	
可变行程控制式机械控制		内部压力控制		先导型比例电磁式压力控制阀	
弹簧控制式机械控制		外部压力控制		电外反馈	
滚轮式机械控制		气压先导加压控制		机械内反馈	

三、泵、马达及缸

名称	符号	名称	符号
泵、马达（一般符号）	液压表　气马达	液压整体式传动装置	
单向定量液压泵空气压缩机		双作用单杆活塞缸	
双向定量液压泵		单作用单杆活塞缸	
单向变量液压泵		单作用伸缩缸	
双向变量液压泵		双作用伸缩缸	
定量液压泵-马达		单作用单杆弹簧复位缸	
单向定量马达		双作用双杆活塞缸	
双向定量马达		双作用不可调单向缓冲缸	
单向变量马达		双作用不可调单向缓冲缸	
双向变量马达		双作用不可调双向缓冲缸	
变量液压泵-马达		双作用可调双向缓冲缸	

续表

摆动马达	液压　气动		气-液转换器	

四、方向控制阀

单向阀	（简化符号）	常开式二位三通电磁换向阀	
液控单向阀（控制压力关闭）		二位四通换向阀	
液控单向阀（控制压力打开）		二位五通换向阀	
或门型梭阀	（简化符号）	二位五通液动换向阀	
与门型梭阀	（简化符号）	三位三通换向阀	
快速排气阀	（简化符号）	三位四通换向阀（中间封闭式）	
常闭式二位二通换向阀		三位四通手动换向阀（中间封闭式）	
常开式二位二通换向阀		伺服阀	
二位二通人力控制换向阀		二级四通电液伺服阀	
常开式二位三通换向阀		液压锁	

续 表

三位四通压力与弹簧对中并用外部压力控制电液换向阀（详细符号）		三位五通换向阀	
三位四通压力与弹簧对中并用外部压力控制电液换向阀（简化符号）		三位六通换向阀	

五、方向控制阀

直动内控溢流阀		溢流减压阀	
直动外控溢流阀		先导型比例电磁式溢流减压阀	
带遥控口先导溢流阀		定比减压阀	减压比1/3
先导型比例电磁式溢流阀		定差减压阀	
双向溢流阀		内控内泄直动顺序阀	
卸荷溢流阀		内控外泄直动顺序阀	
直动内控减压阀		外控外泄直动顺序阀	
先导型减压阀		先导顺序阀	

续 表

带冷却剂管路指示冷却器		油雾器		气体隔离式蓄能器	
加热器		气源调节装置		重锤式蓄能器	
温度调节器		液位计		弹簧式蓄能器	
压力指示器		温度计		气罐	
压力计		流量计		电动机	
压差计		累计流量计		原动机	（电动机除外）
分水排水器	（人工排出）（自动排出）	转速仪		报警器	
空气过滤器	（人工排出）（自动排出）	转矩仪		行程开关	简化 详细
除油器	（人工排出）（自动排出）	消声器		液压源	（一般符号）
空气干燥器		蓄能器		气压源	（一般符号）
直动卸荷阀		单向顺序阀（平衡阀）			
压力继电器		制动阀			

六、流量控制阀

名称	符号	名称	符号	名称	符号
不可调节流阀		带消声器的节流阀		单向调速阀	
可调节流阀		减速阀		分流阀	
截止阀		普通型调速阀		集流阀	
可调单向节流阀		温度补偿型调速阀		分流集流阀	
滚轮控制可调节流阀		旁通型调速阀			

七、液压辅件和其他装置

名称	符号	名称	符号	名称	符号
管端在液面以上的通大气式油箱		局部泄油或回油		带磁性滤芯过滤器	
管端在液面以下的通大气式油箱		密闭式油箱		带污染指示器过滤器	
管端连接于油箱底部的通大气式油箱		过滤器		冷却器	

参 考 文 献

[1] 李鄂民. 液压与气动传动 [M]. 北京. 机械工业出版社，2006.
[2] 胡海清. 液压设备故障诊断与监测实用技术 [M]. 北京. 机械工业出版社，2005.
[3] 胡海清，宗存元. 气压与液压传动控制技术 [M]. 北京. 北京理工大学出版社，2006.
[4] 胡海清. 气压与液压传动控制技术基本常识 [M]. 北京. 高等教育出版社，2005.
[5] 武开军. 液压与气动技术 [M]. 北京. 中国劳动社会保障出版社，2008.
[6] 黄志坚，袁周. 液压设备故障诊断与监测实用技术 [M]. 北京：机械工业出版社，2006.
[7] 刘忠，杨国平. 工程机械液压传动原理、故障诊断与排除 [M]. 北京：机械工业出版社，2005.
[8] 陈桂芳. 液压与气动技术 [M]. 北京：北京理工大学出版社，2008.
[9] 中国机械工程学会设备维修分会《机械设备维修问答丛书》编委会. 液压与气动设备维修问答[M]. 北京：机械工业出版社，2002.
[10] 张宏友. 液压与气动技术 [M]. 大连：大连理工大学出版社，2004.
[11] 朱洪涛. 液压与气压传动 [M]. 北京：清华大学出版社，2005.
[12] 成大先. 机械设计手册[M]. 北京：化学工业出版社，2002.
[13] 王积伟. 液压与气压传动习题集 [M]. 北京：机械工业出版社，2006.
[14] 徐小东，韩京生，王磊. 液压与气动应用技术 [M]. 北京：电子工业出版社，2009.
[15] 刘延俊. 液压与气压传动 [M]. 北京：机械工业出版社，2007.
[16] 陆全龙，刘明皓. 液压与气动 [M]. 北京：科学出版社，2007.
[17] 李雪梅. 数控机床（实用手册）[M]. 北京：机械工业出版社，2007.